建筑工程常用公式与数据速查手册系列丛书

电气工程常用公式与数据速查手册

DIANQI GONGCHENG CHANGYONG GONGSHI YU
SHUJU SUCHA SHOUCE

石敬炜　主编

知识产权出版社

全国百佳图书出版单位

本书编写组

主　编　石敬炜

参　编　于　涛　王丽娟　成育芳　刘艳君

　　　　　孙丽娜　何　影　李春娜　张立国

　　　　　张　军　赵　慧　陶红梅　夏　欣

前　　言

　　建筑电气，从广义上讲是以建筑为平台、以电气技术为手段、在有限空间内创造人性化生活环境的一门应用学科；从狭义上讲，在建筑中，利用现代先进的科学理论及电气技术（含电力技术、信息技术以及智能化技术等），创造一个人性化生活环境的电气系统，统称建筑电气。其作用是服务于建筑内人们的工作、生活、学习、娱乐、安全等。随着社会的进步和经济的飞速发展，电气工程已经是近代科学技术的一个重要领域，在现代工业、农业、国防、科技以及人民生活中应用最为广泛，与个人的切身利益息息相关，其理论、方法、工艺和产品也正在日新月异地变化着、发展着。

　　电气工程设计人员除了要有优良的设计理念之外，还应该有丰富的设计、技术、安全等工作经验，掌握大量电气工程常用的计算公式及数据，但由于资料庞杂，搜集和查询工作具有相当的难度。

　　基于以上原因，广大电气工程设计人员迫切需要一本系统、全面、有效地囊括电气工程常用计算公式与数据的工具书作为参考。因此，我们组织相关技术人员，依据国家最新颁布的《民用建筑电气设计规范》（JGJ 16—2008）、《供配电系统设计规范》（GB 50052—2009）、《建筑照明设计标准》（GB 50034—2013）、《建筑物防雷设计规范》（GB 50057—2010）等标准规范，编写了此书。

　　本书共分为六章，包括：电气工程常用计算公式、供配电常用计算公式、电气设备常用计算公式、建筑照明常用计算公式、民用建筑物防雷常用计算公式、接地接零常用计算公式等。本书对规范公式的重新编排，主要包括参数的含义、上下限表识、公式相关性等。重新编排后计算公式的相关内容一目了然，方便设计、施工人员查阅，亦可用于相关专业师生参考。

本书编写过程参阅了大量文献资料，并得到有关领导和专家的指导，在此一并致谢。限于编者的学识和经验，书中疏漏未尽之处难免，恳请广大读者和专家批评指正。

编　者

2014.05

目　　录

1

电气工程常用计算公式

1.1 公式速查

1.1.1 正弦交流电基本量的计算

正弦交流电的波形如图 1-1 所示。电流瞬时值 i 的表达式为:

$$i = I_m \sin(\omega t + \psi)$$

$$\omega = 2\pi f$$

$$f = 1/T$$

式中　i——电流瞬值（A）;

　　I_m——电流的最大值（A）;

　　ω——角频率（rad/s）;

　　f——频率（Hz）;

　　T——周期（s）;

　　ψ——初相角（rad）;

　　t——时间（s）。

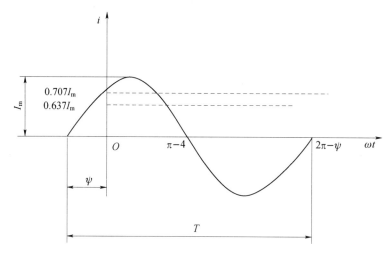

图 1-1　正弦交流电的波形

1.1.2 电磁透入深度的计算

所谓电磁波在导电媒质中的透入深度是这样规定的：波的振幅衰减到原值的 $1/e = 1/2.718 \approx 36.8\%$ 时所穿行的距离，用符号 δ 表示:

$$\delta = \sqrt{\frac{2}{\omega \mu \gamma}} = \frac{1}{\sqrt{\pi f \mu \gamma}}$$

式中　δ——透入深度（m）;

f——频率（Hz）；

μ——磁导率（H·m^{-1}）；

γ——电导率（S·m^{-1}）。

1.1.3 矩形截面张丝的反作用力矩的计算

矩形截面张丝的反作用力矩的计算：

$$M_a = \frac{bh^3 G\alpha}{3L} + \frac{b^2 F\alpha}{12L} + \frac{b^3 h E\alpha^2}{360L} = \frac{kh^4 G\alpha}{3L} + \frac{k^3 h^4 \sigma_F \alpha}{12L} + \frac{k^5 h^6 E\alpha^2}{360L}$$

式中 M_a——张丝的反作用力矩（mN·cm/90°）；

G——材料的切变模量（mN/cm^2）1MPa＝10^{5}mN/cm^2，下同；

b，h，L——张丝宽度、厚度和长度（cm）；

α——扭转角度（rad）；

E——弹性模量（mN/cm^2），（见表1-8）；

F——工作张力（mN）；

σ_F——张丝的拉应力（mN/cm），一般取拉伸强度 σ_B 的 20%～25%；

k——张丝的宽厚比，即 $k=b/h$，一般取 10～20。

1.1.4 电能表与互感器的合成倍率计算

当线路配备的电压互感器与电流互感器的比率与电能表铭牌不同时，可用下式计算合成倍率（或称实用倍率）K：

$$K = \frac{K_{TA} K_{TV} K_j}{K_{TAe} K_{TVe}}$$

式中 K_{TA}、K_{TV}——实际使用的电流互感器和电压互感器的变比；

K_{TAe}、K_{TVe}——电能表铭牌上规定的电流互感器和电压互感器的变比，铭牌上没有标注电流、电压互感器的额定变比，则 $K_{TAe}=K_{TVe}=1$；

K_j——计能器倍率，即读数盘方框上的倍数，没有标注计能器倍率的电能表，其 $K_j=1$。

1.1.5 分流电阻的计算

为了扩大直流电流表的测量范围，可在直流表并联一分流电阻，这个电阻叫分流器，见图1-2。

分流电阻 R_s 可按下式计算：

$$R_s = \frac{R_a}{K-1}$$

$$K = \frac{I}{I_a} = \frac{R_a + R_s}{R_s}$$

式中 R_a——电流表内阻（Ω）；

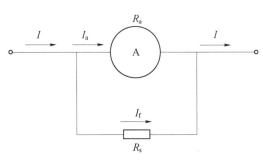

图1-2 直流电流表分流电阻接线图

K——分流系数，或扩程系数；

I_a——通过动圈的电流（A）；

I——欲改电流表的满刻度电流（A）。

1.1.6 附加电阻的计算

为了扩大直流电压表的测量范围，可在直流电压表串联一附加电阻，见图1-3。

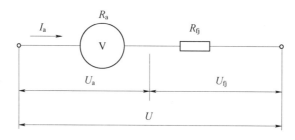

图 1-3 直流电压表附加电阻接线图

附加电阻 R_{fj} 可按下式计算：

$$R_{fj}=\frac{U_{fj}}{I_a}=\frac{U-U_a}{I_a}$$

式中 R_{fj}——附加电阻的阻值（Ω）；

U——串联电阻为 R_{fj} 时，电压表的满刻度电压值（V）；

I_a——表头满刻度电流（A）。

1.2 数据速查

1.2.1 常用电工计算公式

表 1-1 常 用 电 工 计 算 公 式

序号	名　　称	公　　式	说　　明
1	电流/A	$I=Q/t$	Q——电量，C t——时间，s
2	电阻/Ω	$R=\rho(l/S)$	ρ——电阻率，Ω·mm²/m l——长度，m S——面积，mm²
3	电导/S	$G=1/R$	R——电阻，Ω
4	温度为 t_1（℃）时的电阻/Ω	$R_t=R_0[1+a(t_1-t_0)]$	R_0——温度 t_0 时的电阻值 a——材料的电阻系数 t_0——一般指 20℃

序号	名　称	公　式	说　明
5	欧姆定律/A	$I=U/R$	U——电阻两端的电压，V R——电阻，Ω I——流过电阻中的电流，A
6	全电路欧姆定律/A	$I=E/(R+r)$	E——电源电动势，V R——负载电阻，Ω r——电源内阻，Ω
7	电功/J	$W=UIt$	U——电压，V I——电流，A t——时间，s
8	电功率/W	$P=UI=U^2/R=I^2R$	U——电压，V I——电流，A R——电阻，Ω
9	电能/J	$A=Pt$	P——电功率，W t——时间，s
10	电阻串联的总阻值/Ω	$R=R_1+R_2+R_3$	R_1、R_2、R_3——电阻值，Ω
11	电阻并联的总阻值/Ω	$R=1/(1/R_1+1/R_2+1/R_3)$	R_1、R_2、R_3——电阻值，Ω
12	电流热效应（焦耳-楞次定律）/J	$Q=0.24I^2Rt$	R——电阻，Ω I——电流，A t——时间，s
13	频率/Hz	$f=1/T$	T——周期，s
14	角频率/(rad/s)	$\omega=2\pi f=2\pi/T$	T——周期，s f——频率，Hz
15	有效值	$E=E_m/\sqrt{2}$ $I=I_m/\sqrt{2}$ $U=U_m/\sqrt{2}$	E——电动势有效值，V E_m——电动势最大值，V I——电流有效值，A I_m——电流最大值，A U——电压有效值，V U_m——电压最大值，V
16	电容/F	$C=Q/U$	Q——电荷量，C U——电容器两端的电压，V
17	电容器串联的总值/F	$C=1/(1/C_1+1/C_2+1/C_3)$	C_1、C_2、C_3——电容，F
18	电容器并联的总值/F	$C=C_1+C_2+C_3$	C_1、C_2、C_3——电容，F
19	感抗/Ω	$X_L=\omega L=2\pi fL$	ω——角频率，rad/s L——电感，H f——频率，Hz
20	容抗/Ω	$X_C=\dfrac{1}{\omega C}=\dfrac{1}{2\pi fC}$	ω——角频率，rad/s C——电容，F f——频率，Hz

序号	名　称	公　式	说　明
21	电阻、电感串联的总阻抗/Ω	$Z=\sqrt{R^2+X_L^2}$	R——电阻，Ω X_L——感抗，Ω
22	电阻、电感、电容串联的总阻抗/Ω	$Z=\sqrt{R^2+(X_L-X_C)^2}$	R——电阻，Ω X_L——感抗，Ω X_C——容抗，Ω
23	交流电的有功功率/W	$P=UI\cos\varphi$	U——电压有效值，V I——电流有效值，A $\cos\varphi$——功率因数 φ——相位差
24	交流电的无功功率/var	$Q_L=U_L I$ $Q_C=U_C I$	U_L——电感压降，V U_C——电容压降，V I——电流，A

1.2.2　1kV 以下电气设备的额定电压

表 1-2　　　　　　　　　1kV 以下电气设备的额定电压　　　　　　　　（单位：V）

直　流		交　流		三　相	
受电设备	供电设备	受电设备	供电设备	受电设备	供电设备
1.5	1.5	—	—	—	—
2	2	—	—	—	—
3	3	—	—	—	—
6	6	6	6	—	—
12	12	12	12	—	—
24	24	24	24	—	—
36	36	36	36	36	36
—	—	42	42	42	42
48	48	—	—	—	—
60	60	—	—	—	—
72	72	—	—	—	—
—	—	100^+	100^+	100^+	100^+
110	115	—	—	—	—
—	—	127^*	133^*	127^*	133^*
220	230	220	230	220/380	230/400
$400^\triangledown$, 440	$400^\triangledown$, 460	—	—	380/660	400/690

直　　流		交　　流		三　　相	
受电设备	供电设备	受电设备	供电设备	受电设备	供电设备
800▽	800▽	—	—	—	—
1000▽	1000▽	—	—	—	—
—	—	—	—	1140＊＊	1200＊＊

注　1. 电气设备和电子设备分为供电设备和受电设备两大类。受电设备的额定电压也是系统的额定电压。

　　2. 直流电压为平均值，交流电压为有效值。

　　3. 在三相交流栏下，斜线"/"之上为相电压，斜线之下为线电压，无斜线者都是线电压。

　　4. 带"＋"号者为只用于电压互感器、继电器等控制系统的电压；带"▽"号者为使用于单台供电的电压；带"＊"号者只用于矿井下、热工仪表和机床控制系统的电压；带"＊＊"号者只限于煤矿井下及特殊场合使用的电压。

1.2.3　1kV 以上三相交流系统额定电压

表 1-3　　　　　　**1kV 以上三相交流系统额定电压**　　　　　（单位：kV）

受电设备与系统	供　电　设　备	设备最高电压
3	3.15	3.5
6	6.3	6.9
10	10.5	11.5
—	13.8＊	—
—	15.75＊	—
—	18＊	—
—	20＊	—
35	—	40.5
63	—	69
—	—	—
110	—	126
220	—	252
330	—	363
500	—	550
750	—	—

注　带"＊"者只适用于发电机。

1.2.4 一般中频工业电气设备的额定电压

表 1 - 4 　　　　　　　一般中频工业电气设备的额定电压　　　　　　　（单位：V）

类　别		单　相	三相（线电压）
通用电气设备		9，12，16，20，26，36，60，90，115，220，500，750，1000，1500，2000，3000	42，115，160，220，380
受电设备	电热装置	230，250，500，750，1000，1500，2000，3000	—
	机床电器	—	115，200，220，380
	纺织电动机	—	59，66，75，90，115，125，158，220，253，275，317，380，415
	控制微电动机	9，12，16，20，26，36，60，90，115，220	—
	电动工具	—	42，220
供电设备	中频发电机和静止逆变器	(115)，(220)，230，500，750，1000，1500，2000，3000	（115），120，160，200，208，(220)，230，400，500
	中频移动电源设备	115，230	36，200，208，230，400

注　表中带括号的数值为从负荷接入点应遵守的额定电压等级。

1.2.5 一般工业电气设备单相和三相交流频率额定频率

表 1 - 5 　　　　　　一般工业电气设备单相和三相交流频率额定频率　　　　　　（单位：Hz）

电力供电系统和设备	舰船电气设备	航空电气设备	一般工业电气设备					
			通用用电设备	热电装置	机床电气设备	纺织电动机	控制电动机	电动工具
50	50	50	50	50	50	50	50	50
—	—	—	—	—	—	(75)	—	—
—	—	—	100	—	—	100	—	—
—	—	—	—	—	—	133	—	—
—	—	—	150	150	150	150	—	150
—	—	—	—	—	—	—	—	—
—	—	—	200	—	—	200	—	200
—	—	—	—	—	—	(300)	—	300
—	—	—	—	—	—	(330)	—	—
—	400	400	400	400	400	400	400	400
—	—	—	—	—	—	—	(427)	—

电力供电系统和设备	舰船电气设备	航空电气设备	一般工业电气设备					
			通用用电设备	热电装置	机床电气设备	纺织电动机	控制电动机	电动工具
—	—	—	—	(500)	—	—	(500)	—
—	—	—	600	—	600	600	—	—
—	—	—	800	—	800	—	—	—
—	—	—	1000	1000	1000	1000	1000	—
—	—	—	1500	—	1500	—	—	—
—	—	—	—	—	2000	—	—	—
—	—	—	2500	2500	2500	—	—	—
—	—	—	—	—	(3000)	—	—	—
—	—	—	4000	4000	4000	—	—	—
—	—	—	8000	8000	—	—	—	—
—	—	—	10000	10000	—	—	—	—

注　1. 50Hz 称为工频。

2. 带括号的值，在设计新产品时不推荐采用。

3. 133Hz 仅限于人造纤维的纺锭用。

4. 2000Hz 仅限于轴承磨削用。

5. 额定频率允许偏差值规定为±0.2%、±0.5%、±1%、±2%、±5%、±10%六种，按设备需要选用。

6. 电力供电系统及设备的额定频率的允许偏差值规定为±1%。

1.2.6　常用交流高压电器的额定电流

表 1-6　　　　　常用交流高压电器的额定电流　　　（单位：A）

项　目	额　定　电　流
断路器、隔离开关	200，400，630，（1000），1250，1600，2000，3150，4000，5000，6300，8000，10000，12500，16000，20000，25000
负荷开关	10，16，31.5，50，100，200，400，630，1250，1600，2000，3150，4000，5000，6300，8000，10000，12500，16000，20000，25000
熔断器	2，3.15，5，6.3，10，16，20，31.5，40，50，（75），80，100，（150），160，200，315，400
熔丝	（3），3.15，5，（7.5），8，10，（15），16，20，31.5，40，50，80，100，（150），160，200

注　括号内的数值尽量不用。

1.2.7 常用低压电器的额定电流

表 1-7 常用低压电器的额定电流 （单位：A）

项　　目	额　定　电　流
通用开关电器	6.3 (6)，10，16 (15)，25，31.5，40，50，63 (60)，100，160 (150)，200，250，315 (300)，400，500，630 (600)，800，1000，1250，1600，2000，2500，3150，4000，5000，6300，8000，10000，12500，16000
控制电器	1，2.5，5，10，16 (15)，20，25，40，63 (60)，100，160 (150)，250，400，630 (600)，1000
熔断器的熔体	1，2，2.5，3.15 (3)，4，5，6.3 (6)，10，16 (15)，20，25，31.5 (30)，(35)，40，(45)，50，63 (60)，80，100，125，160 (150)，200，250，315 (300)，400，500，630 (600)，800，1000

注　括号内的数值尽量不采用。

1.2.8 常用弹性材料性能

表 1-8 常 用 弹 性 材 料 性 能

材料名称	弹性模量 E/MPa	切变弹性模量 G/MPa	拉伸强度 σ_B/MPa	弹性极限 σ_e/MPa	电阻率 ρ /($\Omega \cdot mm^2/m$)	弹性后效 β （%）	电阻温度系数 a_t /($\times 10^{-4}$/℃)	对铜热电势 /(μV/℃)
锡锌青铜	112780	44130	1128	785	0.09	0.1	9.5	2.0
玻青铜	132390	49030	1569	981	0.06	0.2	15.5	1.0
铂银合金	171620	68650	2157	1569	0.3	0.05	10.5	8.0
磷青铜	98070	—	1177	—	0.18	0.1	4	—
镍36	215750	78450	1961	1569	1.1	0.02	—	—
钴40	205940	78450	2942	1863	1.0	0.02	3.0	1.0

1.2.9 常用导体材料的电性能

表 1-9 常用导体材料的电性能（测量温度 20℃）

名　　称	电阻率 ρ/($\Omega \cdot mm^2/m$)	电导率 γ/[m·S/mm²]	电阻温度系数 α_{20}/(1/K)
铝	0.0278	36	+0.00390
锑	0.417	2.4	
纯铁	0.10	10	
低碳钢	0.13	7.7	+0.00660
金	0.0222	45	
石墨	8.00	0.125	−0.00020
铸铁	1	1	

名　称	电阻率 $\rho/(\Omega \cdot mm^2/m)$	电导率 $\gamma/[m \cdot S/mm^2]$	电阻温度系数 $\alpha_{20}/(1/K)$
镉	0.076	13.1	—
碳	40	0.025	−0.00030
康铜	0.48	2.08	−0.00003
导电器材用铜	0.0175	57	+0.00380
镁	0.0435	23	—
锰铜	0.423	2.37	±0.00001
铅	0.208	4.8	—
铬−镍−铁	0.10	10	—
黄铜 Ms58	0.059	17	+0.00150
黄铜 Ms63	0.071	14	—
德国银	0.369	2.71	+0.00070
镍	0.087	11.5	+0.00400
尼克林合金①	0.5	20	+0.00023
铂	0.111	9	+0.00390
汞	0.941	1.063	+0.00090
银	0.016	62.5	+0.00377
钨	0.059	17	—
锌	0.061	16.5	+0.00370
锡	0.12	8.3	+0.00420

注　①尼克林合金是一种锌镍铜三元系的 α 单相组织合金，接近我国的 BZn15～20 牌号的锌白铜，化学成分（质量分数）：Cu62%，(Ni+Co)13.5%～16.5%，余量 Zn 和 0.9% 的杂质。

1.2.10　常用绝缘材料的电性能

表 1-10　　　　　　　常用绝缘材料的电性能

名　称	电阻率 $\rho/(\Omega \cdot mm^2/m)$	相对介电常数 ε_r
聚四氟乙烯	—	2
聚苯乙烯	10^{17}	3
环氧树脂	—	3.6
聚酰胺	—	5
酚醛塑料	10^{13}	3.6
酚醛树脂	—	8
硬质胶	—	2.5
胶质不碎玻璃	10^{14}	3.2

名　　称	电阻率 $\rho/(\Omega \cdot mm^2/m)$	相对介电常数 ε_r
石蜡油	10^{17}	2.2
石油	—	2.2
变压器油（矿物性）	—	2.2
变压器油（植物性）	—	2.5
电容器油	$10^{15} \sim 10^{16}$	2.1～2.3
松节油	—	2.2
橄榄油	—	3
蓖麻油	—	4.7
云母板	—	5
石英	—	4.5
玻璃	10^{14}	5
云母	10^{16}	6
瓷	10^{13}	4.4
页岩	—	4
皂石	—	6
大理石	10^9	8
硬橡胶	10^{15}	4
软橡胶	—	2.5
人造琥珀	10^{17}	—
电力电缆绝缘	—	4.2
通信电缆绝缘	—	1.5
电缆填料	—	2.5
纸	—	2.3
刚纸（硬化纸板）	—	2.5
浸渍纸	—	5
油纸	—	4
胶纸板	—	4.5
层压纸板	—	4
真空	—	1
空气	10^{18}	1
水（蒸馏）	10^6	80
石蜡	10^{17}	2.2
马来树胶	—	4
虫胶	—	3.7

1.2.11 部分固体材料的机械性能

表 1-11　　　　　　　　　部分固体材料的机械性能

材料名称		弹性模量 E/GPa	切变模量 G/GPa	体积模量 K/GPa	泊松比 μ	屈服极限 σ_s/MPa	强度极限 σ_b/MPa	
金属	铝	70	26	75	0.34	30～140	60～160	
	铜	124	46	130	0.35	47～320	200～350	
	金	80	28	167	0.42	0～210	110～230	
	铁	195	76	—	0.29	160	350	
	铁（铸）	115	45	—	0.25	—	140～320	
	铅	16	6	—	0.44		15～18	
	镍	205	79	176	0.31	140～660	480～730	
	铂	168	61	240	0.38	15～180	125～200	
	银	76	28	100	0.37	55～300	140～380	
	钽	186					340～930	
	锡	47	17	52	0.36	9～14	15～200	
	钛	110	41	110	0.34	200～500	250～700	
	钨	360	140	—			1000～4000	
	锌	97	36	100	0.35		110～200	
合金	黄铜（65/35）	150	38	115	0.35	62～430	330～530	
	康铜（60/40）	163	61	157	0.33	200～440	400～570	
	杜拉铝（4.4%铜）	70	27	70	0.33	125～450	230～500	
	锰铜（84%铜）	124	47	—	—	—	265	
	铁镍合金（77%镍）	220					540～910	
	镍铬合金（80/20）	186					170～900	
	磷青铜	100	—		0.38	110～670	330～750	
	钢（软）	210	81	170	0.3	240	480	
	钢	210	81	170	0.3	450	600	
非金属							拉伸	压缩
	矾土	200～400			0.24		140～200	1000～25000
	砖（A级）	1～50					—	69～140
	混凝土（28天）	10～17	—	—	0.1～0.21	—		27～55
	玻璃	50～80			0.2～0.27		30～90	—
	花岗岩	40～70			—		—	90～235
	尼龙6	1～2.5			—		70～85	50～100

材料名称		弹性模量 E/GPa	切变模量 G/GPa	体积模量 K/GPa	泊松比 μ	屈服极限 σ_s/MPa	强度极限 σ_b/MPa	
非金属	有机玻璃	2.7～3.5			—		50～75	80～140
	聚苯乙烯	2.5～4.0			—		35～60	80～110
	聚乙烯	0.1～1.0			—		7～38	15～20
	聚四氟乙烯	0.4～0.6	—	—	—		17～28	5～12
	聚氯乙烯（可塑）	<0.3			—		14～40	75～100
	橡胶（天然、加硫）	0.001～1			0.46～0.49		14～40	—
	砂石	14～55			—		—	30～135
	木材（沿纤维方向）	8～13			—		20～110	50～100

1.2.12 部分液体材料的性能

表 1-12 部分液体材料的性能

名称	分子式	密度 /(kg/m³)	质量热容 /[kJ/(kg·K)]	黏度 /Pa·s	热导率 /[W/(m·k)]	凝固点 /K	溶解热 /(kJ/kg)	沸点 /K	汽化热 /(kJ/kg)	相对介电常数 ε_r
醋酸	$C_2H_4O_2$	1049	2.18	0.001155	0.171	290	181	391	402	6.15
乙醇	C_2H_6O	785.1	2.44	0.001095	0.171	158.6	108	351.46	846	24.3
甲醇	CH_4O	786.5	2.54	0.00056	0.202	175.5	98.8	337.8	1100	32.6
丙醇	C_3H_8O	800.0	2.37	0.00192	0.161	146	86.5	371	779	20.1
氨（液态）	—	823.5	4.38	—	0.353	—	—	—	—	16.9
苯	C_8H_6	873.8	1.73	0.000601	0.144	278.68	126	353.3	390	2.2
嗅	Br_2	—	0.473	0.00095	—	245.84	66.7	331.6	193	3.2
二硫化碳	CS_2	1261	0.992	0.00036	0.161	161.2	57.5	319.40	351	2.64
四氯化碳	CCl_4	1584	0.816	0.00091	0.104	250.35	174	349.6	194	2.23
蓖麻油	—	956.1	1.97	0.650	0.180	263.2	—	—	—	4.7
醚	$C_4H_{10}O$	713.5	2.21	0.000223	0.130	157	96.2	307.7	372	4.3
甘油	$C_3H_8O_3$	1259	2.62	0.950	0.287	264.8	200	563.4	974	40
煤油	—	820.1	2.09	0.00164	0.145	—	—	—	251	
亚麻仁油	—	929.1	1.84	0.0331	—	253	—	560	—	3.3
苯酚	C_6H_6O	1072	1.43	0.0080	0.190	316.2	121	455	—	9.8
海水	—	1025	3.76～4.10	—	—	270.6	—	—	—	
水	H_2O	997.1	4.18	0.00089	0.609	273	333	373	2260	78.54

名称		分子式	密度 /(kg/m³)	质量热容 /[kJ/(kg·K)]	黏度 /Pa·s	热导率 /[W/(m·k)]	凝固点 /K	溶解热 /(kJ/kg)	沸点 /K	汽化热 /(kJ/kg)	相对介电常数 ε_r
制冷剂	R-11	CCl_3F	1476	0.870	0.00042	0.093	162	—	297.0	180 (297K)	2.0
	R-12	CCl_2F_2	1311	0.971	—	0.071	115	34.4	243.4	165 (297K)	2.0
	R-22	CHF_2Cl	1194	1.26	—	0.086	113	183	232.4	232 (297K)	2.0

注　本表数据是在101323Pa气压、300K温度下测定的。

1.2.13　部分气体材料的性能

表 1-13　　　　　　　　部分气体材料的性能

名称	分子式	密度（0℃） /(g/L)	液化点/K	质量定压热容 c_p /[10³J/(kg·K)]	粘度（20℃） /(10⁶N·s/m²)	相对介电常数 ε_r（0℃）
空气	—	1.2929	—	1.0048	18.12	1.000576
二氧化碳	CO_2	1.9769	216	5.0074	14.57（15℃）	1.000946
一氧化碳	CO	1.2504	66	1.0383	18.4	1.000695
氨	NH_3	0.771	198	2.1780（23~100℃）	10.2	1.0072
乙烷	C_2H_6	1.3566	101	1.6496	10.1	1.0015
氯化氢	HCl	1.6392	161.8	0.8122（13~100℃）	14	—
硫化氢	H_2S	1.539	187	1.0262（20~206℃）	13	1.00332
甲烷	CH_4	0.717	80.6	0.6573	12.01	1.000991
二氧化硫	SO_2	2.9269	197	0.6464（16~202℃）	12.9	1.00905
乙炔	C_2H_2	1.1747	—	1.6035（13℃）	—	—

注　表中数据是在101323Pa气压下测定的。

2

供配电常用计算公式

2.1 公式速查

2.1.1 需要系数法确定计算负荷

需要系数法主要适用于配变电所的负荷计算，计算方法如下：

$$\sum P = K_\Sigma \sum (K_x P_e)$$

$$\sum Q = K_\Sigma \sum (K_x P_e \tan\varphi)$$

$$S = \sqrt{(\sum P)^2 + (\sum Q)^2}$$

式中　P——计算有功功率（kW）；

$\quad\quad Q$——计算无功功率（kvar）；

$\quad\quad S$——计算视在功率（kV·A）；

$\quad\quad P_e$——用电设备组的设备功率（kW）；

$\quad\quad K_x$——需要系数；

$\quad\tan\varphi$——功率因数角正切值；

$\quad\quad K_\Sigma$——同期系数，有功时取 0.8～0.9，无功时取 0.93～0.97。

2.1.2 并联电力电容器功率因数的计算

1）在交流供电电路中，功率因数 $\cos\varphi$ 定义为有功功率 P 与视在功率 S 之比：

$$\cos\varphi = \frac{P}{S}$$

式中　P——有功功率；

$\quad\quad S$——视在功率。

2）企业自然平均功率因数 $\cos\varphi$ 计算如下：

$$\cos\varphi = \sqrt{\frac{1}{1 + \left(\dfrac{\beta_n Q_{lm}}{\alpha_n P_{lm}}\right)^2}}$$

式中　P_{lm}——企业的计算负荷有功功率（kW）；

$\quad\quad Q_{lm}$——企业的计算负荷无功功率（kvar）；

$\quad\alpha_n, \beta_n$——年平均有功、无功负荷系数，α_n 值一般取 0.7～0.75，β_n 值一般取 0.76～0.82。

3）采用人工补偿后企业平均功率因数 $\cos\varphi$ 计算如下：

$$\cos\varphi = \sqrt{\frac{1}{1 + \left(\dfrac{\beta_n Q_{lm} - Q_c}{\alpha_n P_{lm}}\right)^2}}$$

式中　P_{lm}——企业的计算负荷有功功率（kW）；

Q_{lm}——企业的计算负荷无功功率（kvar）；

Q_c——人工补偿的无功功率（又称无功功率补偿，简称无功补偿），用电容器补偿时则称为补偿容量（kvar）；

α_n，β_n——年平均有功、无功负荷系数，α_n 值一般取 $0.7\sim0.75$，β_n 值一般取 $0.76\sim0.82$。

4）已经进行生产的企业，其平均功率因数 $\cos\varphi$ 计算如下：

$$\cos\varphi=\frac{W_m}{\sqrt{W_m^2+W_{rm}^2}}=\sqrt{\frac{1}{1+\left(\dfrac{W_{rm}}{W_m}\right)^2}}$$

式中　W_m——最大负荷月的有功电能消耗量，即有功电度表的读数（kW·h）；

W_{rm}——无功电能消耗量，即无功电度表的读数（kvar·h）。

2.1.3　并联电力电容器补偿容量的计算

1）补偿容量 Q_c 可按下式计算：

$$Q_c=\alpha_n(\tan\varphi_1-\tan\varphi_2)$$

或

$$Q_c=\alpha_n P_{lm} q_c$$

式中　$\tan\varphi_1$——补偿前企业自然平均功率因数角的正切值；

$\tan\varphi_2$——补偿后功率因数角的正切值；

α_n——年平均有功负荷系数，一般取 $0.7\sim0.75$；

P_{lm}——企业的计算负荷有功功率（kW）；

q_c——无功功率补偿率（kvar/kW）（见表 2-24）。

2）对已生产的企业欲提高功率因数，其补偿容量 Q_c 按下式计算：

$$Q_c=\frac{W_m(\tan\varphi_1-\tan\varphi_2)K_{jm}}{t_m}$$

式中　W_m——最大负荷月的有功电能消耗量（kW·h），由有功电度表读得；

$\tan\varphi_1$——补偿前企业自然平均功率因数角的正切值，用有功及无功电度表读数计算求得；

$\tan\varphi_2$——补偿后企业自然平均功率因数角的正切值；

t_m——企业的月工作小时数（h）；

K_{jm}——补偿容量计算系数，可取 $0.8\sim0.9$。

2.1.4　并联电容器个数选择的计算

并联电容器个数 n 的计算公式如下：

$$n=\frac{Q_c}{\Delta q_c}$$

$$Q_c=\alpha_n(\tan\varphi_1-\tan\varphi_2)$$

或
$$Q_c = \alpha_n P_{lm} q_c$$

式中　Q_c——补偿容量（kvar）；

Δq_c——单个电容器容量（kvar）；

n——所需要的电容器个数；

$\tan\varphi_1$——补偿前企业自然平均功率因数角的正切值；

$\tan\varphi_2$——补偿后企业自然平均功率因数角的正切值；

α_n——年平均有功负荷系数，一般取 $0.7\sim0.75$；

P_{lm}——企业的计算负荷有功功率（kW）；

q_c——无功功率补偿率（kvar/kW）（见表 2-24）。

2.1.5　电动机就地无功补偿容量的计算

1）按空载电流计算：
$$Q_c = K\sqrt{3} I_0 U_N \times 10^{-3}$$

式中　Q_c——补偿容量（kvar）；

K——补偿度，取 0.9 为宜；

I_0——电动机空载电流（A）；

U_N——电动机额定电压（V）。

2）按产品样本技术数据计算：
$$Q_c = K\sqrt{3} U_N I_N \left(\sin\varphi_N - \frac{\cos\varphi_N}{b+\sqrt{b^2-1}} \right) \times 10^{-3}$$

若 $b+\sqrt{b^2-1} \approx 2b$，则：
$$Q_c = K\sqrt{3} U_N I_N \left(\sin\varphi_N - \frac{\cos\varphi_N}{2b} \right) \times 10^{-3} = K P_N \left(\tan\varphi_N - \frac{1}{2b} \right) \times 10^{-3}$$

式中　Q_c——补偿容量（kvar）；

K——补偿度，取 0.9 为宜；

U_N——电动机额定电压（V）；

I_N——电动机额定电流（A）；

φ_N——额定功率因数角；

b——最大转矩对额定转矩的倍数；

P_N——电动机额定功率（kW）。

3）按运行现状测算：
$$Q_c = \sqrt{3} U_1 I_1 (\sin\varphi_1 - \cos\varphi_1 \tan\varphi_2) \times 10^{-3}$$

或
$$Q_c = P_1 \left(\sqrt{\frac{1}{\cos^2\varphi_1} - 1} - \sqrt{\frac{1}{\cos^2\varphi_2} - 1} \right)$$

式中 Q_c——补偿容量（kvar）；

$\quad\quad$ U_1——实测电动机的电压（V）；

$\quad\quad$ I_1——实测电动机的电流（A）；

$\quad\quad$ $\cos\varphi_1$——补偿前的功率因数；

$\quad\quad$ $\cos\varphi_2$——补偿后的功率因数；

$\quad\quad$ P_1——实测电动机的有功功率（kW）。

2.1.6　敷设在空气中和土壤中的电缆允许载流量的计算

敷设在空气中和土壤中的电缆允许载流量按下式计算：

$$KI_n \geqslant I_g$$

式中 I_g——计算工作电流（A）；

$\quad\quad$ I_n——电缆在标准敷设条件下的额定载流量（A）（见表 2-25～表 2-31）；

$\quad\quad$ K——不同敷设条件下综合校正系数，空气中单根敷设 $K=K_t$，空气中多根敷设 $K=K_t K_1$，空气中穿管敷设 $K=K_t K_2$，土壤中单根敷设 $K=K_t K_3$，土壤中多根敷设 $K=K_t K_3 K_4$；

$\quad\quad$ K_t——环境温度校正系数（见表 2-32）；

$\quad\quad$ K_1——空气中并列敷设电缆载流量的校正系数，见表 2-35，多层并列时，见表 2-36；

$\quad\quad$ K_2——空气中穿管敷设时载流量的校正系数，电压为 10kV 及以下、截面为 95mm² 及以下取 0.9，截面为 120～185mm² 取 0.85；

$\quad\quad$ K_3——直埋敷设电缆因土壤热阻不同的校正系数（见表 2-33）；

$\quad\quad$ K_4——多根并列直埋敷设时的校正系数（见表 2-34）。

2.1.7　除空气、土壤以外的其他环境温度下载流量的校正系数的计算

除空气、土壤以外的其他环境温度下载流量的校正系数 K 可按下式计算：

$$K=\sqrt{\frac{\theta_m-\theta_2}{\theta_m-\theta_1}}$$

式中 θ_m——电缆导体最高工作温度（℃）；

$\quad\quad$ θ_1——对应于额定载流量的基准环境温度（℃）；

$\quad\quad$ θ_2——实际环境温度（℃）。

2.1.8　固体绝缘电缆导体允许最小截面的计算

电缆导体允许最小截面 S 由下列公式确定：

$$S \geqslant \frac{\sqrt{Q}}{C}\times 10^2$$

$$C=\frac{1}{\eta}\sqrt{\frac{Jq}{\alpha K\rho}\ln\frac{1+\alpha(\theta_m-20)}{1+\alpha(\theta_p-20)}}$$

$$\theta_{\mathrm{p}} = \theta_{\mathrm{o}} + (\theta_{\mathrm{H}} - \theta_{\mathrm{o}})\left(\frac{I_{\mathrm{p}}}{I_{\mathrm{H}}}\right)^2$$

式中 Q——计算无功功率；

S——电缆导体截面（mm^2）；

C——热稳定系数；

J——热功当量系数，取 1.0；

q——电缆导体的单位体积热容量 $\mathrm{J}/(\mathrm{cm}^3 \cdot ℃)$，铝芯取 $2.48\mathrm{J}/(\mathrm{cm}^3 \cdot ℃)$，铜芯取 $3.4\mathrm{J}/(\mathrm{cm}^3 \cdot ℃)$；

θ_{m}——短路作用时间内电缆导体允许最高温度（℃）；

θ_{p}——短路发生前的电缆导体最高工作温度（℃），除电动机馈线回路外，均可取 $\theta_{\mathrm{p}} = \theta_{\mathrm{H}}$；

θ_{H}——电缆额定负荷的电缆导体允许最高工作温度（℃）；

θ_{o}——电缆所处的环境温度最高值（℃）；

I_{H}——电缆的额定负荷电流（A）；

I_{p}——电缆实际最大工作电流（A）；

α——20℃时电缆导体的电阻温度系数（$℃^{-1}$），铜芯为 $0.00393℃^{-1}$、铝芯为 $0.00403℃^{-1}$；

ρ——20℃时电缆导体的电阻率（$\Omega \cdot \mathrm{cm}$），铜芯为 $0.0184 \times 10^{-4}\,\Omega \cdot \mathrm{cm}$、铝芯为 $0.031 \times 10^{-4}\,\Omega \cdot \mathrm{cm}$；

η——计入包含电缆导体充填物热容影响的校正系数，对 3～10kV 电动机馈线回路，宜取 $\eta = 0.93$，其他情况可取 $\eta = 1$；

K——电缆导体的交流电阻与直流电阻的比值，可由下表选取。

电缆类型	6～35kV 挤塑型					自容式充油型		
导体截面/mm²	95	120	150	185	240	240	400	600
芯数 单芯	1.002	1.003	1.004	1.006	1.010	1.003	1.011	1.029
芯数 多芯	1.003	1.006	1.008	1.009	1.021	—	—	—

Q——电流热效应，$\begin{cases} ▲对火电厂 3～10kV 厂用电动机馈线回路，当机组容量为 100MW 及以下时 \\ ■对火电厂 3～10kV 厂用电动机馈线回路，当机组容量大于 100MW 时 \\ ★除火电厂 3～10kV 厂用电动机馈线外的情况 \end{cases}$

▲ 对火电厂 3～10kV 厂用电动机馈线回路，当机组容量为 100MW 及以下时：

$$Q = I^2(t + T_{\mathrm{b}})$$

式中 I——系统电源供给短路电流的周期分量起始有效值（A）；

t——短路持续时间（s）；

T_b——系统电源非周期分量的衰减时间常数（s）。

■　对火电厂 3～10kV 厂用电动机馈线回路，当机组容量大于 100MW 时，Q 的表达式见下表。

t/s	T_b/s	T_d/s	Q 值/$(A^2 \cdot s)$
0.15	0.045	0.062	$0.195I^2 + 0.22II_d + 0.09I_d^2$
	0.06		$0.21I^2 + 0.23II_d + 0.09I_d^2$
0.2	0.045	0.062	$0.245I^2 + 0.22II_d + 0.09I_d^2$
	0.06		$0.26I^2 + 0.24II_d + 0.09I_d^2$

注　1. 对电抗器或 $U_d\%$ 小于 10.5 的双绕组变压器，取 $T_b = 0.045s$，其他情况取 $T_b = 0.06s$。

　　2. 对中速断路器，t 可取 0.15s，对慢速断路器，t 可取 0.2s。

★　除火电厂 3～10kV 厂用电动机馈线外的情况：

$$Q = I^2 \cdot t$$

式中　I——系统电源供给短路电流的周期分量起始有效值（A）；

　　　t——短路持续时间（s）。

2.1.9　自容式充油电缆导体允许最小截面的计算

自容式充油电缆导体允许最小截面 S 应满足下式：

$$S^2 + \left(\frac{q_0}{q}S_0\right)S \geqslant \left[\alpha K \rho I^2 t \middle/ Jq \ln \frac{1 + \alpha(\theta_m - 20)}{1 + \alpha(\theta_p - 20)}\right] \times 10^4$$

式中　S_0——不含油道内绝缘油的电缆导体中绝缘油充填面积（mm^2）；

　　　q_0——绝缘油的单位体积热容量 J/（$cm^3 \cdot ℃$），可取 1.7J/（$cm^3 \cdot ℃$）；

　　　S——电缆导体截面（mm^2）；

　　　J——热功当量系数，取 1.0；

　　　q——电缆导体的单位体积热容量 J/（$cm^3 \cdot ℃$），铝芯取 2.48，铜芯取 3.4；

　　　θ_m——短路作用时间内电缆导体允许最高温度（℃）；

　　　θ_p——短路发生前的电缆导体最高工作温度（℃），除对变压器回路的电缆可按最大工作电流作用时的 θ_p 值外，其他情况宜取 $\theta_p = \theta_H$；

　　　θ_H——电缆于额定负荷时电缆导体允许最高工作温度（℃）；

　　　α——20℃时电缆导体的电阻温度系数（$℃^{-1}$），铜芯为 $0.00393℃^{-1}$、铝芯为 $0.00403℃^{-1}$；

　　　ρ——20℃时电缆导体的电阻系数（$\Omega \cdot cm$），铜芯为 $0.0184 \times 10^{-4}\Omega \cdot cm$、铝芯为 $0.031 \times 10^{-4}\Omega \cdot cm$；

　　　I——系统电源供给短路电流的周期分量起始有效值（A）；

　　　t——短路持续时间（s）；

　　　K——电缆导体的交流电阻与直流电阻的比值，可由下表选取。

电缆类型	6～35kV 挤塑型					自容式充油型		
导体截面/mm²	95	120	150	185	240	240	400	600
芯数 单芯	1.002	1.003	1.004	1.006	1.010	1.003	1.011	1.029
芯数 多芯	1.003	1.006	1.008	1.009	1.021	—	—	—

2.2 数据速查

2.2.1 负荷分级及供电要求

表 2-1 负荷分级及供电要求

负荷分级	定 义	供 电 措 施
一级负荷	1) 中断供电将造成人身伤害时 2) 中断供电将在经济上造成重大损失时 3) 中断供电将影响重要用电单位的正常工作 4) 在一级负荷中，当中断供电将造成人员伤亡或重大设备损坏或发生中毒、爆炸和火灾等情况的负荷，以及特别重要场所的不允许中断供电的负荷，应视为一级负荷中特别重要的负荷	1) 一级负荷应由双重电源供电，当一电源发生故障时，另一电源不应同时受到损坏 2) 一级负荷中特别重要的负荷供电，应符合下列要求： ①除应由双重电源供电外，尚应增设应急电源，并严禁将其他负荷接入应急供电系统 ②设备的供电电源的切换时间，应满足设备允许中断供电的要求
二级负荷	1) 中断供电将在经济上造成较大损失时 2) 中断供电将影响较重要用电单位的正常工作	二级负荷的供电系统，宜由两回线路供电。在负荷较小或地区供电条件困难时，二级负荷可由一回 6kV 及以上专用的架空线路供电
三级负荷	不属于一级和二级负荷者应为三级负荷	无特殊要求

2.2.2 常用用电负荷分级

表 2-2 常用用电负荷分级

序号	建筑物名称	用电负荷名称	负荷级别
1	国家级会堂、国宾馆、国家级国际会议中心	主会场、接见厅、宴会厅照明，电声、录像、计算机系统用电	一级*
		客梯、总值班室、会议室、主要办公室、档案室用电	一级
2	国家及省部级政府办公建筑	客梯、主要办公室、会议室、总值班室、档案室及主要通道照明用电	一级
3	国家及省部级计算中心	计算机系统用电	一级*
4	国家及省部级防灾中心、电力调度中心、交通指挥中心	防灾、电力调度及交通指挥计算机系统用电	一级*

序号	建筑物名称	用电负荷名称	负荷级别
5	地、市级办公建筑	主要办公室、会议室、总值班室、档案室及主要通道照明用电	二级
6	地、市级及以上气象台	气象业务用计算机系统用电	一级*
		气象雷达、电报及传真收发设备、卫星云图接收机及语言广播设备、气象绘图及预报照明用电	一级
7	电信枢纽、卫星地面站	保证通信不中断的主要设备用电	一级*
8	电视台、广播电台	国家及省、市、自治区电视台、广播电台的计算机系统用电，直接播出的电视演播厅、中心机房、录像室、微波设备及发射机房用电	一级*
		语音播音室、控制室的电力和照明用电	一级
		洗印室、电视电影室、审听室、楼梯照明用电	二级
9	剧场	特、甲等剧场的调光用计算机系统用电	一级*
		特、甲等剧场的舞台照明、贵宾室、演员化妆室、舞台机械设备、电声设备、电视转播用电	一级
		甲等剧场的观众厅照明、空调机房及锅炉房电力和照明用电	二级
10	电影院	甲等电影院的照明与放映用电	二级
11	博物馆、展览馆	大型博物馆及展览馆安全防范系统用电；珍贵展品展室照明用电	一级*
		展览用电	二级
12	图书馆	藏书量超过100万册及重要图书馆的安全防范系统、图书检索用计算机系统用电	一级*
		其他用电	二级
13	体育建筑	特级体育场（馆）及游泳馆的比赛场（厅）、主席台、贵宾室、接待室、新闻发布厅、广场及主要通道照明、计时记分装置、计算机房、电话机房、广播机房、电台和电视转播及新闻摄影用电	一级*
		甲级体育场（馆）及游泳馆的比赛场（厅）、主席台、贵宾室、接待室、新闻发布厅、广场及主要通道照明、计时记分装置、计算机房、电话机房、广播机房、电台和电视转播及新闻摄影用电	一级
		特级及甲级体育场（馆）及游泳馆中非比赛用电、乙级及以下体育建筑比赛用电	二级
14	商场、超市	大型商场及超市的经营管理用计算机系统用电	一级*
		大型商场及超市营业厅的备用照明用电	一级
		大型商场及超市的自动扶梯、空调用电	二级
		中型商场及超市营业厅的备用照明用电	二级

序号	建筑物名称	用电负荷名称	负荷级别
15	银行、金融中心、证券交易中心	重要的计算机系统和安全防范系统用电	一级*
		大型银行营业厅及门厅照明、安全照明用电	一级
		小型银行营业厅及门厅照明用电	二级
16	民用航空港	航空管制、导航、通信、气象、助航灯光系统设施和台站用电，边防、海关的安全检查设备用电，航班预报设备用电，三级以上油库用电	一级*
		候机楼、外航驻机场办事处、机场宾馆及旅客过夜用房、站坪照明、站坪机务用电	一级
		其他用电	二级
17	铁路旅客站	大型站和国境站的旅客站房、站台、天桥、地道用电	一级
18	水运客运站	通信、导航设施用电	一级
		港口重要作业区、一级客运站用电	二级
19	汽车客运站	一、二级客运站用电	二级
20	汽车库（修车库）、停车场	Ⅰ类汽车库、机械停车设备及采用升降梯作车辆疏散出口的升降梯用电	一级
		Ⅱ、Ⅲ类汽车库和Ⅰ类修车库、机械停车设备及采用升降梯作车辆疏散出口的升降梯用电	二级
21	旅游饭店	四星级及以上旅游饭店的经营及设备管理用计算机系统用电	一级*
		四星级及以上旅游饭店的宴会厅、餐厅、厨房、康乐设施、门厅及高级客房、主要通道等场所的照明用电，厨房、排污泵、生活水泵、主要客梯用电，计算机、电话、电声和录像设备、新闻摄影用电	一级
		三星级旅游饭店的宴会厅、餐厅、厨房、康乐设施、门厅及高级客房、主要通道等场所的照明用电，厨房、排污泵、生活水泵、主要客梯用电，计算机、电话、电声和录像设备、新闻摄影用电，除上栏所述之外的四星级及以上旅游饭店的其他用电	二级
22	科研院所、高等院校	四级生物安全实验室等对供电连续性要求极高的国家重点实验室用电	一级*
		除上栏所述之外的其他重要实验室用电	一级
		主要通道照明用电	二级
23	二级以上医院	重要手术室、重症监护等涉及患者生命安全的设备（如呼吸机等）及照明用电	一级*

序号	建筑物名称	用电负荷名称	负荷级别
23	二级以上医院	急诊部、监护病房、手术部、分娩室、婴儿室、血液病房的净化室、血液透析室、病理切片分析、核磁共振、介入治疗用 CT 及 X 光机扫描室、血库、高压氧仓、加速器机房、治疗室及配血室的电力照明用电，培养箱、冰箱、恒温箱用电，走道照明用电，百级洁净度手术室空调系统用电、重症呼吸道感染区的通风系统用电	一级
		除上栏所述之外的其他手术室空调系统用电，电子显微镜、一般诊断用 CT 及 X 光机用电，客梯用电，高级病房、肢体伤残康复病房照明用电	二级
24	一类高层建筑	走道照明、值班照明、警卫照明、障碍照明用电，主要业务和计算机系统用电，安全防范系统用电，电子信息设备机房用电，客梯用电，排污泵、生活水泵用电	一级
25	二类高层建筑	主要通道及楼梯间照明用电，客梯用电，排污泵、生活水泵用电	二级

注 1. 负荷分级表中"一级*"为一级负荷中特别重要负荷。
 2. 各类建筑物的分级见现行的有关设计规范。
 3. 本表未包含消防负荷分级，消防负荷分级见相关的国家标准、规范。
 4. 当序号 1～23 各类建筑物与一类或二类高层建筑的用电负荷级别不相同时，负荷级别应按其中高者确定。

2.2.3 机械工厂的负荷分级

表 2-3 　　　　　　　　　　机械工厂的负荷分级

序号	建筑物名称	电力负荷名称	负荷分级
1	炼钢车间	容量为 100t 及以上的平炉加料起重机、浇铸起重机、倾动装置及冷却水系统的用电设备	一级
		容量为 100t 及以下的平炉加料起重机、浇铸起重机、倾动装置及冷却水系统的用电设备	二级
		平炉鼓风机、平炉用其他用电设备。5t 以上电弧炼钢炉的电极升降机构、倾炉机构及浇铸起重机	二级
		总安装容量为 30MV·A 以上，停电会造成重大经济损失的多台大型电热装置（包括电弧炉、矿热炉、感应炉）	一级
2	铸铁车间	30t 及以上的浇铸起重机、重点企业冲天炉鼓风机	二级
3	热处理车间	井式炉专用淬火起重机、井式炉油槽抽油泵	二级
4	锻压车间	锻造专用起重机、水压机、高压水泵、抽油机	二级
5	金属加工车间	价格昂贵、作用重大、稀有的大型数控机床，停电会造成设备损坏，如自动跟踪数控仿形铣床、强力磨床等设备	一级
		价格贵、作用大、数量多的数控机床工部	二级

序号	建筑物名称	电力负荷名称	负荷分级
6	电镀车间	大型电镀工部的整流设备、自动流水作业生产线	二级
7	试验站	单机容量为200MW以上的大型电动机试验、主机及辅机系统、动平衡试验的润滑油系统	一级
		单机容量为200MW以下的大型电动机试验、主机及辅机系统、动平衡试验的润滑油系统	二级
8	层压制品车间	压机及供热系统	二级
9	线缆车间	熔炼炉的冷却水泵、鼓风机、连铸机的冷却水泵、连轧机的水泵及润滑泵 压铅机、压铝机的熔化炉、高压水泵、水压机 交联聚乙烯加工设备的挤压交联冷却、收线用电设备。漆包机的传动机构、鼓风机、漆泵 干燥浸油缸的连续电加热、真空泵、液压泵	二级
10	磨具成型车间	隧道窑鼓风机、卷扬机构	二级
11	油漆树脂车间	2500L及以上的反应釜及其供热锅炉	二级
12	焙烧车间	隧道窑鼓风机、排风机、窑车推进机、窑门关闭机构 油加热器、油泵及其供热锅炉	二级
13	热煤气站	煤气加压机、加压油泵及煤气发生炉鼓风机	一级
		有煤气缸的煤气加压机、有高位油箱的加压油泵	二级
		煤气发生炉加煤机及传动机构	二级
14	冷煤气站	鼓风机、排送机、冷却通风机、发生炉传动机构、高压整流器等	二级
15	锅炉房	中压及以上锅炉的给水泵	一级
		有汽动水泵时，中压及以上锅炉的给水泵	二级
		单台容量为20t/h及以上锅炉的鼓风机、引风机、二次风机及炉排电动机	二级
16	水泵房	供一级负荷用电设备的水泵	一级
		供二级负荷用电设备的水泵	二级
17	空压站	重点企业单台容量为60m³/min及以上的空气压缩机、独立励磁机	二级
		离心式压缩机润滑油泵	一级
		有高位油箱的离心式压缩机润滑油泵	二级
18	制氧站	重点企业中的氧压机、空压机冷却水泵、润滑油泵（带高位油箱）	二级
19	计算中心	大中型计算机系统电源（自带UPS电源）	二级
20	理化计量楼	主要实验室、要求高精度恒温的计量室的恒温装置电源	二级
21	刚玉、碳化冶炼车间	冶炼炉及其配套的低压用电设备	二级
22	涂装车间	电泳涂装的循环搅拌、超滤系统的用电设备	二级

2.2.4 建筑消防用电设备的负荷分级

表 2-4　　　　　　　　　　建筑消防用电设备的负荷分级

用电设备名称	建筑物类别	用电场所名称	负荷等级	备　注
消防用电设备	高层建筑	一类高层建筑	一级	高层建筑： 1）十层及十层以上的居住建筑（包括首层设置商业服务网点的住宅） 2）建筑高度超过24m的公共建筑
		二类高层建筑	二级	
	多层建筑	建筑高度超过50m的乙、丙类厂房和丙类仓库（除粮食仓库及粮食筒仓工作塔外）	一级	多层建筑： 1）九层及九层以下的居住建筑（包括首层设置商业服务网点的住宅）和建筑高度不超过24m的其他民用建筑以及建筑高度超过24m的单层公共建筑 2）单层、多层和高层工业建筑 3）地下民用建筑
		室外消防用水量超过30L/s的工厂、仓库	二级	
		室外消防用水量超过25L/s的公共建筑		
		超过1500个座位的影剧院		
		超过3000个座位的体育馆		
		任一层建筑面积超过3000m² 商店		
		展览建筑、省（市）级以上的广播电视楼、电信楼和财贸金融楼		

注　各类建筑物的分级见现行的有关设计规范。

2.2.5 住宅建筑主要用电负荷的分级

表 2-5　　　　　　　　　　住宅建筑主要用电负荷的分级

建筑规模	主要用电负荷名称	负荷等级
建筑高度为100m或35层以上的住宅建筑	消防用电负荷、应急照明、航空障碍照明、走道照明、值班照明、安全防范系统、电子信息设备机房、客梯、排污泵、生活水泵	一级
建筑高度为50～100m且19～34层的一类高层住宅建筑	消防用电负荷、应急照明、航空障碍照明、走道照明、值班照明、安全防范系统、客梯、排污泵、生活水泵	
10～18层的二类高层住宅建筑	消防用电负荷、应急照明、走道照明、值班照明、安全防范系统、客梯、排污泵、生活水泵	二级

2.2.6 各级电压线路输送能力

表 2-6　　　　　　　　　　各级电压线路输送能力

额定电压/kV	架　空　线		电　缆	
	送电容量/kW	输送距离/km	送电容量/kW	输送距离/km
0.22	<50	0.15	<100	0.2
0.38	100	0.25	175	0.35
0.66	170	0.4	300	0.6

额定电压/kV	架 空 线		电 缆	
	送电容量/kW	输送距离/km	送电容量/kW	输送距离/km
3	100～1000	3～1	—	—
6	2000	10～3	3000	＜8
10	3000	15～5	5000	＜10
35	2000～8000	50～20	—	—
66	3500～20000	100～25	—	—
110	10000～30000	150～50	—	—

2.2.7 用电设备端子电压偏差允许值

表 2-7 用电设备端子电压偏差允许值

用电设备名称	电压偏差允许值（%）	
电动机	±5	
照明灯	一般工作场所	±5
	远离变电所的小面积一般场所	+5 −10
	应急照明、道路照明和警卫照明	+5 −10
其他用电设备无特殊规定时	±5	

2.2.8 公用电网谐波电压（相电压）

表 2-8 公用电网谐波电压（相电压）

电网标称电压/kV	电压总谐波畸变率（%）	各次谐波电压含有率（%）	
		奇 次	偶 次
0.38	5.0	4.0	2.0
6	4.0	3.2	1.6
10			
35	3.0	2.4	1.2
66			
110	2.0	1.6	0.8

2.2.9　注入公共连接点的谐波电流允许值

表 2-9　　　　　　　　注入公共连接点的谐波电流允许值

标称电压/kV	基准短路容量/(MV·A)	谐波次数及谐波电流允许值/A																						
		2	3	4	5	6	7	8	9	10	11	12	13	14	15	16	17	18	19	20	21	22	23	24	25
0.38	10	78	62	39	62	26	44	29	21	16	28	13	24	11	12	9.7	18	8.6	16	7.8	8.9	7.1	14	6.5	12
6	100	43	34	21	34	14	24	11	11	8.5	16	7.1	13	6.1	6.8	5.3	10	4.7	9.0	4.3	4.9	3.9	7.4	3.6	6.8
10	100	26	20	13	20	8.5	15	6.4	6.8	5.1	9.3	4.3	7.9	3.7	4.1	3.2	6.0	2.8	5.4	2.6	2.9	2.3	4.5	2.1	4.1
35	250	15	12	7.7	12	5.1	8.8	3.8	4.1	3.1	5.6	2.6	4.7	2.2	2.5	1.9	3.6	1.7	3.2	1.5	1.8	1.4	2.7	1.3	2.5

2.2.10　民用建筑用电设备组的需要系数及自然功率因数表

表 2-10　　　　　　民用建筑用电设备组的需要系数及自然功率因数表

负荷名称	规模（台数）	需要系数（K_x）	功率因数（$\cos\varphi$）	备　注
照明	面积小于 500m²	1～0.9	0.9～1	含插座容量，荧光灯就地补偿或采用电子镇流器
	500～3000m²	0.9～0.7	0.9	
	3001～15000m²	0.75～0.55		
	>15000m²	0.6～0.4		
	商场照明	0.9～0.7	—	
冷冻机房、锅炉房	1～3 台	0.9～0.7	0.8～0.85	—
	>3 台	0.7～0.6		
热力站、水泵房和通风机	1～5 台	1～0.8	0.8～0.85	—
	>5 台	0.8～0.6		
电梯	—	0.18～0.22	0.5～0.6（交流电动机）	—
			0.8（直流电动机）	
洗衣机房、厨房	≤100kW	0.4～0.5	0.8～0.9	—
	>100kW	0.3～0.4		
窗式空调	4～10 台	0.8～0.6	0.8	—
	10～50 台	0.6～0.4		
	50 台以上	0.4～0.3		
舞台照明	≤200kW	1～0.6	0.9～1	—
	>200kW	0.6～0.4		

注　1. 一般动力设备为 3 台及以下时，需要系数取为 $K_x=1$。

　　2. 照明负荷需要系数的大小与灯的控制方式和开启率有关。大面积集中控制的灯比相同建筑面积的多个小房间分散控制的灯的需要系数大。插座容量的比例大时，需要系数的选择可以偏小些。

2.2.11 工厂用电设备组的需要系数及自然功率因数表

表 2-11　　　　工厂用电设备组的需要系数及自然功率因数表

用电设备组名称	K_x	$\cos\varphi$	$\tan\varphi$
单独传动的金属加工机床			
小批生产的金属冷加工机床	0.12~0.16	0.50	1.73
大批生产的金属冷加工机床	0.17~0.20	0.50	1.73
小批生产的金属热加工机床	0.20~0.25	0.55~0.60	1.51~1.33
大批生产的金属热加工机床	0.25~0.28	0.65	1.17
锻锤、压床、剪床及其他锻工机械	0.25	0.60	1.33
木工机械	0.20~0.30	0.50~0.60	1.73~1.33
液压机	0.30	0.60	1.33
生产用通风机	0.75~0.85	0.80~0.85	0.75~0.62
卫生用通风机	0.65~0.70	0.80	0.75
泵、活塞型压缩机、电动发电机组	0.75~0.85	0.80	0.75
球磨机、破碎机、筛选机、搅拌机等	0.75~0.85	0.80~0.85	0.75~0.62
电阻炉（带调压器或变压器）			
非自动装料	0.60~0.70	0.95~0.98	0.33~0.20
自动装料	0.70~0.80	0.95~0.98	0.33~0.20
干燥箱、加热器等	0.40~0.60	1.00	0
工频感应电炉（不带无功补偿装置）	0.80	0.35	2.68
高频感应电炉（不带无功补偿装置）	0.80	0.60	1.33
焊接和加热用高频加热设备	0.50~0.65	0.70	1.02
熔炼用高频加热设备	0.80~0.85	0.80~0.85	0.75~0.62
表面淬火电炉（带无功补偿装置）			
电动发电机	0.65	0.70	1.02
真空管振荡器	0.80	0.85	0.62
中频电炉（中频机组）	0.65~0.75	0.80	0.75
氢气炉（带调压器或变压器）	0.40~0.50	0.85~0.90	0.62~0.48
真空炉（带调压器或变压器）	0.55~0.65	0.85~0.90	0.62~0.48
电弧炼钢炉变压器	0.90	0.85	0.62
电弧炼钢炉的辅助设备	0.15	0.50	1.73
点焊机、缝焊机	0.35, 0.20[①]	0.60	1.33
对焊机	0.35	0.70	1.02
自动弧焊变压器	0.50	0.50	1.73

用电设备组名称	K_x	$\cos\varphi$	$\tan\varphi$
单头手动弧焊变压器	0.35	0.35	2.68
表面淬火电炉（带无功补偿装置）			
多头手动弧焊变压器	0.40	0.35	2.68
单头直流弧焊机	0.35	0.60	1.33
多头直流弧焊机	0.70	0.70	1.02
金属、机修、装配车间、锅炉房用起重机（ε＝25％）	0.10～0.15	0.50	1.73
铸造车间起重机（ε＝25％）	0.15～0.30	0.50	1.73
联锁的连续运输机械	0.65	0.75	0.88
非联锁的连续运输机械	0.50～0.60	0.75	0.88
一般工业用硅整流装置	0.50	0.70	1.02
电镀用硅整流装置	0.50	0.75	0.88
电解用硅整流装置	0.70	0.80	0.75
红外线干燥设备	0.85～0.90	1.00	0.00
电火花加工装置	0.50	0.60	1.33
超声波装置	0.70	0.70	1.02
X光设备	0.30	0.55	1.52
电子计算机主机	0.60～0.70	0.80	0.75
电子计算机外部设备	0.40～0.50	0.50	1.73
试验设备（电热为主）	0.20～0.40	0.80	0.75
试验设备（仪表为主）	0.15～0.20	0.70	1.02
磁粉探伤机	0.20	0.40	2.29
铁屑加工机械	0.40	0.75	0.88
排气台	0.50～0.60	0.90	0.48
老炼台	0.60～0.70	0.70	1.02
陶瓷隧道窑	0.80～0.90	0.95	0.33
拉单晶炉	0.70～0.75	0.90	0.48
赋能腐蚀设备	0.60	0.93	0.40
真空浸渍设备	0.70	0.95	0.33

注 ①点焊机的需要系数 0.2 仅用于电子行业。

2.2.12 旅游宾馆的需要系数及自然平均功率因数表

表 2 - 12　　　　　　旅游宾馆的需要系数及自然平均功率因数表

序号	负荷名称	需要系数 K_x		自然平均功率因数 $\cos\varphi$	
		平均值	推荐值	平均值	推荐值
1	全馆总负荷	0.45	0.4～0.5	0.84	0.8
2	全馆总照明	0.55	0.5～0.6	0.82	0.8
3	全馆总电力	0.4	0.35～0.45	0.9	0.85
4	冷冻机房	0.65	0.65～0.75	0.87	0.8
5	锅炉房	0.65	0.65～0.75	0.8	0.75
6	水泵房	0.65	0.6～0.7	0.86	0.8
7	风机	0.65	0.6～0.7	0.83	0.8
8	电梯	0.2	0.18～0.22	直流 0.5 交流 0.8	直流 0.4 交流 0.8
9	厨房	0.4	0.35～0.45	0.7～0.75	0.7
10	洗衣机房	0.3	0.3～0.35	0.6～0.65	0.7
11	窗式空调	0.4	0.35～0.45	0.8～0.85	0.8
12	总同时系数 K_Σ	0.92～0.94			

2.2.13 住宅建筑用电负荷需要系数

表 2 - 13　　　　　　住宅建筑用电负荷需要系数 K_x

按单相配电计算时所连接的基本户数	按三相配电计算时所连接的基本户数	需要系数 K_x
1～3	3～9	0.90～1
4～8	12～24	0.65～0.90
9～12	27～36	0.50～0.65
13～24	39～72	0.45～0.50
25～124	75～300	0.40～0.45
125～259	375～600	0.30～0.40
260～300	780～900	0.26～0.30

2.2.14 照明用电负荷需要系数

表 2-14

照明用电负荷需要系数

建筑类别	K_x	建筑类别	K_x
生产厂房（有天然采光）	0.80～0.90	体育馆	0.70～0.80
生产厂房（无天然采光）	0.90～1.00	集体宿舍	0.60～0.80
办公楼	0.70～0.80	医院	0.50
设计室	0.90～0.95	食堂、餐厅	0.80～0.90
科研楼	0.80～0.90	商店	0.85～0.90
仓库	0.50～0.70	学校	0.60～0.70
锅炉房	0.90	展览馆	0.70～0.80
托儿所、幼儿园	0.80～0.90	旅馆	0.60～0.70
综合商业服务楼	0.75～0.85		

注 气体放电灯灯具或线路的功率因数应规定补偿至 0.9。

2.2.15 照明用电负荷的 $\cos\varphi$ 及 $\tan\varphi$

表 2-15

照明用电负荷的 $\cos\varphi$ 及 $\tan\varphi$

光源类别	$\cos\varphi$	$\tan\varphi$
白炽灯、卤钨灯	1.0	0
荧光灯（无补偿）	0.55	1.52
荧光灯（有补偿）	0.9	0.48
高压汞灯（50～175W）	0.45～0.5	1.98～1.73
高压汞灯（200～1000W）	0.65～0.67	1.16～1.10
高压钠灯	0.45	1.98
金属卤化物灯	0.4～0.61	2.29～1.29
镝灯	0.52	1.6
氙灯	0.9	0.48
霓虹灯	0.4～0.5	2.29～1.73

2.2.16 照明用电负荷的 $\cos\varphi$ 与 $\tan\varphi$、$\sin\varphi$ 对应值

表 2-16

照明用电负荷的 $\cos\varphi$ 与 $\tan\varphi$、$\sin\varphi$ 对应值

$\cos\varphi$	$\tan\varphi$	$\sin\varphi$
1.000	0.000	0.000
0.990	0.142	0.141
0.980	0.203	0.199

cosφ	tanφ	sinφ
0.970	0.251	0.243
0.960	0.292	0.280
0.950	0.329	0.312
0.940	0.363	0.341
0.930	0.395	0.367
0.920	0.426	0.392
0.910	0.456	0.415
0.900	0.484	0.436
0.890	0.512	0.456
0.880	0.540	0.475
0.870	0.567	0.493
0.860	0.593	0.510
0.850	0.620	0.527
0.840	0.646	0.543
0.830	0.672	0.558
0.820	0.698	0.698
0.810	0.724	0.572
0.800	0.750	0.586
0.780	0.802	0.600
0.750	0.882	0.626
0.720	0.964	0.661
0.700	1.020	0.714
0.680	1.078	0.733
0.650	1.169	0.760
0.600	1.333	0.800
0.550	1.518	0.835
0.500	1.732	0.866
0.450	1.985	0.893
0.400	2.291	0.916
0.350	2.676	0.937
0.300	3.180	0.954
0.250	3.873	0.968
0.200	4.899	0.980
0.150	6.591	0.989
0.100	0.950	0.995

2.2.17 利用系数法确定计算负荷

表 2-17　　　　　　　　利用系数法确定计算负荷

用电设备组序号	设备功率/kW	(平均)利用系数	功率因数	有功/无功平均负荷/(kW/kvar)	设备有效台数	最大系数	有功/无功/视在计算负荷/电流/(kW/kvar/kV·A/A)
$i=1\sim n$	$P_{e.i}$	$K_{u.i}$	$\cos\varphi$	$P_{av.i}=K_{u.i}P_{e.i}$ $Q_{av.i}=P_{av.i}\tan\varphi$	—	—	—
合计		$K_{e.av}=\dfrac{\sum P_{av.i}}{\sum P_{e.i}}$	—	$\sum P_{av.i}$ $\sum Q_{av.i}$	$n_{eq}=\dfrac{(\sum P_{e.i})^2}{\sum P_{e.i}^2}$	K_a(根据n_{eq}和$K_{u.av}$查表)	$P_c=K_a\sum P_{av.i}$ $Q_c=K_a\sum Q_{av.i}$ S_c、I_c公式见表2-18

注　1. 工厂用电设备的 K_u、$\cos\varphi$ 值及 K_a 可查表 2-19、表 2-20 或设计手册。

　　2. 3台及以下用电设备的计算有功负荷取设备功率总和；3台以上用电设备，而有效台数小于 4 时，计算有功负荷取设备功率总和，再乘以 0.9 系数。

2.2.18 多组用电设备的计算负荷

表 2-18　　　　　　　　多组用电设备的计算负荷

用电设备组序号	有功计算负荷/kW	无功计算负荷/kvar	视在计算负荷/(kV·A)	计算电流/A
$i=1\sim n$	$P_{c.i}$	$Q_{c.i}$	—	—
合计（计入同时系数） 对干线 $K_{\Sigma p}=0.80\sim1.0$、$K_{\Sigma q}=0.85\sim1.0$ 对母线 $K_{\Sigma p}=0.75\sim0.90$、$K_{\Sigma q}=0.80\sim0.95$	$P_c=K_{\Sigma p}\sum P_{c.i}$	$Q_c=K_{\Sigma q}\sum Q_{c.i}$	$S_c=\sqrt{P_c^2+Q_c^2}$	$I_c=\dfrac{S_c}{\sqrt3 U_n}$

注　同时系数大小根据计算范围及具体工程性质不同而相应选择。根据设计经验，计算民用建筑多组用电设备计算负荷时，所取同时系数值一般比计算工厂多组用电设备负荷时所取同时系数值相应低些。

2.2.19 工厂用电设备组的利用系数及功率因数值

表 2-19　　　　　　工厂用电设备组的利用系数及功率因数值

用电设备组名称	K_u	$\cos\varphi$	$\tan\varphi$
一般工作制小批生产用金属切削机床 （小型车、刨、插、铣、钻床、砂轮机等）	$0.1\sim0.12$	0.5	1.73
一般工作制大批生产金属切削机床	$0.12\sim0.14$	0.5	1.73
重工作制切削机床（冲床、自动车床、 六角车床、粗磨、铣齿、大型车床、刨、铣、立车、镗床）	0.16	0.55	1.51
小批量生产金属热加工机床 （锻锤传动装置、锻造机、拉丝机、清理转磨筒、碾磨机等）	0.17	0.60	1.33
大批量生产金属热加工机床	0.20	0.65	1.17
生产用通风机	0.55	0.80	0.75
卫生用通风机	0.50	0.80	0.75

用电设备组名称	K_u	$\cos\varphi$	$\tan\varphi$
泵、空气压缩机及电动发电机组	0.55	0.8	0.75
移动式电动工具	0.05	0.50	1.73
不连锁的连续运输机械（提升机、皮带运输机、螺旋运输机等）	0.35	0.75	0.88
连锁的连续运输机械	0.50	0.75	0.88
起重机及电动葫芦（$\varepsilon=100\%$）	0.15～0.20	0.50	1.73
电阻炉、干燥箱、加热设备	0.55～0.65	0.95	0.33
试验室用的小型电热设备	0.35	1.00	0.00
10t 以下电弧炼钢炉	0.65	0.80	0.75
单头直流弧焊机	0.25	0.60	1.33
多头直流弧焊机	0.50	0.70	1.02
单头弧焊变压器	0.25	0.35	2.67
多头弧焊变压器	0.30	0.35	2.67
自动弧焊机	0.30	0.50	1.73
点焊机、缝焊机	0.25	0.60	1.33
对焊机、铆钉加热机	0.25	0.70	1.02
工频感应电炉	0.75	0.35	2.67
高频感应电炉（用电动发电机组）	0.70	0.80	0.75
高频感应电炉（用真空管振荡器）	0.65	0.65	1.17

2.2.20　用电设备组的附加系数

表 2 - 20　　　　　　　　　　用电设备组的附加系数 K_a

n_{eq} ＼ K_u	0.1	0.15	0.2	0.3	0.4	0.5	0.6	0.7	0.8	0.9
4	3.43	3.11	2.64	2.14	1.87	1.65	1.46	1.29	1.14	1.05
5	3.23	2.87	2.42	2.00	1.76	1.57	1.41	1.26	1.12	1.04
6	3.04	2.64	2.24	1.88	1.66	1.51	1.37	1.23	1.10	1.04
7	2.88	2.48	2.10	1.80	1.58	1.45	1.33	1.21	1.09	1.04
8	2.72	2.31	1.99	1.72	1.52	1.40	1.30	1.20	1.08	1.04
9	2.56	2.20	1.90	1.65	1.47	1.37	1.28	1.18	1.08	1.03
10	2.42	2.10	1.84	1.60	1.43	1.34	1.26	1.16	1.07	1.03
12	2.24	1.96	1.75	1.52	1.36	1.28	1.23	1.15	1.07	1.03
14	2.10	1.85	1.67	1.45	1.32	1.25	1.20	1.13	1.07	1.03

n_{eq} \ K_u	0.1	0.15	0.2	0.3	0.4	0.5	0.6	0.7	0.8	0.9
16	1.99	1.77	1.61	1.41	1.28	1.23	1.18	1.12	1.07	1.03
18	1.91	1.70	1.55	1.37	1.26	1.21	1.16	1.11	1.06	1.03
20	1.84	1.65	1.50	1.34	1.24	1.20	1.15	1.11	1.06	1.03
25	1.71	1.55	1.40	1.28	1.21	1.17	1.14	1.10	1.06	1.03
30	1.62	1.46	1.34	1.24	1.19	1.16	1.13	1.10	1.05	1.03
35	1.56	1.41	1.30	1.21	1.17	1.15	1.12	1.09	1.05	1.02
40	1.50	1.37	1.27	1.19	1.15	1.13	1.12	1.09	1.05	1.02
45	1.45	1.33	1.25	1.17	1.14	1.12	1.11	1.08	1.04	1.02
50	1.40	1.30	1.23	1.16	1.14	1.11	1.10	1.08	1.04	1.02
60	1.32	1.25	1.19	1.14	1.12	1.11	1.09	1.07	1.03	1.02
70	1.27	1.22	1.17	1.12	1.10	1.10	1.09	1.06	1.03	1.02
80	1.25	1.20	1.15	1.11	1.10	1.10	1.08	1.06	1.03	1.02
90	1.23	1.18	1.13	1.10	1.09	1.09	1.08	1.05	1.02	1.02
100	1.21	1.17	1.12	1.10	1.08	1.08	1.07	1.05	1.02	1.02
120	1.19	1.16	1.12	1.09	1.07	1.07	1.07	1.05	1.02	1.02
160	1.16	1.13	1.10	1.08	1.05	1.05	1.05	1.04	1.02	1.02
200	1.15	1.12	1.09	1.07	1.05	1.05	1.05	1.04	1.01	1.01
240	1.14	1.11	1.08	1.07	1.05	1.05	1.05	1.03	1.01	1.01

注 K_u——利用系数；n_{eq}——设备有效台数。

2.2.21 电动机单机补偿容量

表 2 - 21　　　　　　电动机单机补偿容量

电动机额定功率/kW	300	185	110	75	50	40	30	22	17	15	13	10	7.5
补偿容量/kvar	96	64	42	28	20	16	15	10	8	6	6	4	3

注 此表仅供设计参考。

2.2.22 三相电动机最大补偿容量

表 2 - 22　　　　　　三相电动机最大补偿容量　　　　　　（单位：kvar）

电动机容量/kW	电动机转速/(r/min)			
	3000	1500	1000	750
7.5	2.5	3	3.5	4.5
11	3.5	3	4.5	6.5

电动机容量/kW	电动机转速/(r/min)			
	3000	1500	1000	750
15	5	4	6	7.5
18	6	5	6.5	8.5
22	7	7	8.5	10
30	8.5	8	10	12.5
37	11	11	12.5	15
45	13	13	15	18
55	17	17	18	22
75	21	22	25	29
90	25	26	29	33
110	32	32	33	36
150	40	40	42.5	45

2.2.23 Y系列380V三相异步电动机就地补偿电容器容量

表 2 - 23　　　　Y系列380V三相异步电动机就地补偿电容器容量　　　（单位：kvar）

电动机容量/kW	2级	4级	6级	8级	10级
0.75	0.4	0.5	0.6	—	—
1.1	0.5	0.6	0.8	—	—
1.5	0.6	0.8	1.0	—	—
2.2	0.8	1.0	1.5	2.0	—
3.0	1.0	2.0	2.0	2.5	—
4.0	1.5	2.5	2.5	3.0	—
5.5	2.0	2.5	3.0	4.0	—
7.5	3.0	3.5	4.0	5.0	—
11	4.0	5.0	6.0	7.0	—
18.5	5.0	8.0	9.0	12.0	—
22	7.0	9.0	10.0	14.0	—
30	10.0	10.0	10.0	16.0	—
37	12.0	12.0	12.0	18.0	—
45	12.0	14.0	14.0	24.0	35.0
55	14.0	16.0	20.0	30.0	45.0
75	20.0	20.0	24.0	35.0	60.0

电动机容量/kW	2 级	4 级	6 级	8 级	10 级
90	24.0	24.0	30.0	40.0	—
110	30.0	35.0	40.0	45.0	—
130	35.0	40.0	45.0	—	—
160	45.0	50.0	—	—	—

2.2.24 无功功率补偿率 q_c 表

表 2 - 24　　　　　　　　无功功率补偿率 q_c 表

补偿前 $\cos\varphi_1$	补偿后 $\cos\varphi_2$												
	0.7	0.75	0.8	0.82	0.84	0.86	0.88	0.9	0.92	0.94	0.96	0.98	1.0
0.30	2.16	2.30	2.42	2.48	2.53	2.59	2.65	2.70	2.76	2.82	2.89	2.98	3.18
0.35	1.66	1.80	1.93	1.98	2.03	2.08	2.14	2.19	2.25	2.31	2.38	2.47	2.68
0.40	1.27	1.41	1.54	1.60	1.65	1.70	1.76	1.81	1.87	1.93	2.00	2.09	2.29
0.45	0.97	1.11	1.24	1.29	1.34	1.40	1.45	1.50	1.56	1.62	1.69	1.78	1.99
0.50	0.71	0.85	0.98	1.04	1.09	1.14	1.20	1.25	1.31	1.37	1.44	1.53	1.73
0.52	0.62	0.76	0.89	0.95	1.00	1.05	1.11	1.16	1.22	1.28	1.35	1.44	1.64
0.54	0.54	0.68	0.81	0.86	0.92	0.97	1.02	1.08	1.14	1.20	1.27	1.36	1.56
0.56	0.46	0.60	0.73	0.78	0.84	0.89	0.94	1.00	1.05	1.12	1.19	1.28	1.43
0.58	0.39	0.52	0.66	0.71	0.76	0.81	0.87	0.92	0.98	1.04	1.11	1.20	1.41
0.60	0.31	0.45	0.58	0.64	0.69	0.74	0.80	0.85	0.91	0.97	1.04	1.13	1.33
0.62	0.25	0.39	0.52	0.57	0.62	0.67	0.73	0.78	0.84	0.90	0.97	1.06	1.27
0.64	0.18	0.32	0.45	0.51	0.56	0.61	0.67	0.72	0.78	0.84	0.91	1.00	1.20
0.66	0.12	0.26	0.39	0.45	0.49	0.55	0.60	0.66	0.71	0.78	0.85	0.94	1.14
0.68	0.06	0.20	0.33	0.38	0.40	0.49	0.54	0.60	0.65	0.72	0.79	0.88	1.08
0.70	—	0.14	0.27	0.33	0.38	0.43	0.49	0.54	0.60	0.66	0.73	0.82	1.02
0.72	—	0.08	0.22	0.27	0.32	0.37	0.43	0.48	0.54	0.60	0.67	0.76	0.97
0.74	—	0.03	0.16	0.21	0.26	0.32	0.37	0.43	0.48	0.55	0.62	0.71	0.91
0.76	—	—	0.11	0.16	0.21	0.26	0.32	0.37	0.43	0.50	0.56	0.65	0.86
0.78	—	—	0.05	0.11	0.16	0.21	0.27	0.32	0.38	0.44	0.51	0.60	0.80
0.80	—	—	—	0.05	0.10	0.16	0.22	0.27	0.33	0.39	0.46	0.55	0.75
0.82	—	—	—	—	0.05	0.10	0.16	0.22	0.27	0.33	0.40	0.49	0.70
0.84	—	—	—	—	—	0.05	0.11	0.16	0.22	0.28	0.35	0.44	0.65
0.86	—	—	—	—	—	—	0.06	0.11	0.17	0.23	0.30	0.39	0.59

补偿前 cosφ₁	补偿后 cosφ₂												
	0.7	0.75	0.8	0.82	0.84	0.86	0.88	0.9	0.92	0.94	0.96	0.98	1.0
0.88	—	—	—	—	—	—	—	0.06	0.11	0.17	0.25	0.33	0.54
0.90	—	—	—	—	—	—	—	—	0.06	0.12	0.19	0.28	0.48
0.92	—	—	—	—	—	—	—	—	—	0.06	0.13	0.22	0.43
0.94	—	—	—	—	—	—	—	—	—	—	0.07	0.16	0.36

2.2.25 1～3kV 油纸、聚氯乙烯绝缘电缆空气中敷设时允许载流量

表 2-25　　1～3kV 油纸、聚氯乙烯绝缘电缆空气中敷设时允许载流量（A）

绝缘类型		不滴流纸			聚氯乙烯		
护套		有钢铠护套			无钢铠护套		
电缆导体最高工作温度/℃		80			70		
电缆芯数		单芯	二芯	三芯或四芯	单芯	二芯	三芯或四芯
电缆导体截面/mm²	2.5	—	—	—	—	18	15
	4	—	30	26	—	24	21
	6	—	40	35	—	31	27
	10	—	52	44	—	44	38
	16	—	69	59	—	60	52
	25	116	93	79	95	79	69
	35	142	111	98	115	95	82
	50	174	138	116	147	121	104
	70	218	174	151	179	147	129
	95	267	214	182	221	181	155
	120	312	245	214	257	211	181
	150	356	280	250	294	242	211
	185	414	—	285	340	—	246
	240	495	—	338	410	—	294
	300	570	—	383	473	—	328
环境温度/℃		40					

注　1. 适用于铝芯电缆，铜芯电缆的允许持续载流量值可乘以 1.29。

　　2. 单芯只适用于直流。

2.2.26 1～3kV 油纸、聚氯乙烯绝缘电缆直埋敷设时允许载流量

表 2-26　　　1～3kV 油纸、聚氯乙烯绝缘电缆直埋敷设时允许载流量（A）

绝缘类型	不滴流纸			聚氯乙烯					
护套	有钢铠护套			无钢铠护套			有钢铠护套		
电缆导体最高工作温度/℃	80			70					
电缆芯数	单芯	二芯	三芯或四芯	单芯	二芯	三芯或四芯	单芯	二芯	三芯或四芯
电缆导体截面/mm² 4	—	34	29	47	36	31	—	34	30
6	—	45	38	58	45	38	—	43	37
10	—	58	50	81	62	53	77	59	50
16	—	76	66	110	83	70	105	79	68
25	143	105	88	138	105	90	134	100	87
35	172	126	105	172	136	110	162	131	105
50	198	146	126	203	157	134	194	152	129
70	247	182	154	244	184	157	235	180	152
95	300	219	186	295	226	189	281	217	180
120	344	251	211	332	254	212	319	249	207
150	389	284	240	374	287	242	365	273	237
185	441	—	275	424	—	273	410	—	264
240	512	—	320	502	—	319	483	—	310
300	584	—	356	561	—	347	543	—	347
400	676	—	—	639	—	—	625	—	—
500	776	—	—	729	—	—	715	—	—
630	904	—	—	846	—	—	819	—	—
800	1032	—	—	981	—	—	963	—	—
土壤热阻系数/(K·m/W)	1.5			1.2					
环境温度/℃	25								

注　1. 适用于铝芯电缆，铜芯电缆的允许持续载流量值可乘以 1.29。
　　2. 单芯只适用于直流。

2.2.27 1～3kV 交联聚乙烯绝缘电缆空气中敷设时允许载流量

表 2－27　　　1～3kV 交联聚乙烯绝缘电缆空气中敷设时允许载流量（A）

电缆芯数		三芯		单　芯							
单芯电缆排列方式				品字形				水平形			
金属层接地点				单侧		两侧		单侧		两侧	
电缆导体材质		铝	铜	铝	铜	铝	铜	铝	铜	铝	铜
电缆导体截面/mm²	25	91	118	100	132	100	132	114	150	114	150
	35	114	150	127	164	127	164	146	182	141	178
	50	146	182	155	196	155	196	173	228	168	209
	70	178	228	196	255	196	251	228	292	214	264
	95	214	273	241	310	241	305	278	356	260	310
	120	246	314	283	360	278	351	319	410	292	351
	150	278	360	328	419	319	401	365	479	337	392
	185	319	410	372	479	365	461	424	546	369	438
	240	378	483	442	565	424	546	502	643	424	502
	300	419	552	506	643	493	611	588	738	479	552
	400	—	—	611	771	579	716	707	908	546	625
	500	—	—	712	885	661	803	830	1026	611	693
	630	—	—	826	1008	734	894	963	1177	680	757
环境温度/℃		40									
电缆导体最高工作温度/℃		90									

注　1. 允许载流量的确定，还应符合以下规定：
　　（1）数量较多的该类电缆敷设在未装机械通风的隧道、竖井时，应计入对环境温升的影响。
　　（2）电缆直埋敷设在干燥或潮湿土壤中，除实施换土处理能避免水分迁移的情况外，土壤热阻系数
　　　　取值不宜小于 2.0K・m/W。
　　2. 水平形排列电缆相互间中心距为电缆外径的 2 倍。

2.2.28 1～3kV 交联聚乙烯绝缘电缆直埋敷设时允许载流量

表 2－28　　　1～3kV 交联聚乙烯绝缘电缆直埋敷设时允许载流量（A）

电缆芯数		三　芯		单　芯			
单芯电缆排列方式				品　字　形		水　平　形	
金属层接地点				单　侧		单　侧	
电缆导体材质		铝	铜	铝	铜	铝	铜
电缆导体截面/mm²	25	91	117	104	130	113	143
	35	113	143	117	169	134	169
	50	134	169	139	187	160	200
	70	165	208	174	226	195	247

电缆芯数		三　芯		单　芯			
单芯电缆排列方式				品　字　形		水　平　形	
金属层接地点				单　侧		单　侧	
电缆导体材质		铝	铜	铝	铜	铝	铜
电缆导体截面/mm²	95	195	247	208	269	230	295
	120	221	282	239	300	261	334
	150	247	321	269	339	295	374
	185	278	356	300	382	330	426
	240	321	408	348	435	378	478
	300	365	469	391	495	430	543
	400	—	—	456	574	500	635
	500	—	—	517	635	565	713
	630	—	—	582	704	635	796
电缆导体最高工作温度/℃		90					
土壤热阻系数/(K·m/W)		2.0					
环境温度/℃		25					

注　水平形排列电缆相互间中心距为电缆外径的2倍。

2.2.29　6kV三芯电力电缆空气中敷设时允许载流量

表 2 - 29　　　　6kV三芯电力电缆空气中敷设时允许载流量（A）

绝缘类型		不滴流纸	聚氯乙烯		交联聚乙烯	
钢铠护套		有	无	有	无	有
电缆导体最高工作温度/℃		80	70		90	
电缆导体截面/mm²	10	—	40	—	—	—
	16	58	54	—	—	—
	25	79	71	—	—	—
	35	92	85	—	114	—
	50	116	108	—	141	—
	70	147	129	—	173	—
	95	183	160	—	209	—
	120	213	185	—	246	—
	150	245	212	—	277	—
	185	280	246	—	323	—
	240	334	293	—	378	—

绝缘类型	不滴流纸	聚氯乙烯		交联聚乙烯	
钢铠护套	有	无	有	无	有
电缆导体最高工作温度/℃	80	70		90	
电缆导体截面/mm² 300	374	323	—	432	—
电缆导体截面/mm² 400	—	—	—	505	—
电缆导体截面/mm² 500	—	—	—	584	—
环境温度/℃	40				

注　1. 适用于铝芯电缆，铜芯电缆的允许持续载流量值可乘以 1.29。

　　2. 电缆导体工作温度大于 70℃时，允许载流量还应符合以下规定：

　　（1）数量较多的该类电缆敷设于未装机械通风的隧道、竖井时，应计入对环境温升的影响。

　　（2）电缆直埋敷设在干燥或潮湿土壤中，除实施换土处理能避免水分迁移的情况外，土壤热阻系数取值不宜小于 2.0K·m/W。

2.2.30　6kV 三芯电力电缆直埋敷设时允许载流量

表 2-30　　　　　6kV 三芯电力电缆直埋敷设时允许载流量（A）

绝缘类型	不滴流纸	聚氯乙烯		交联聚乙烯	
钢铠护套	有	无	有	无	有
电缆导体最高工作温度/℃	80	70		90	
电缆导体截面/mm² 10	—	51	50	—	—
电缆导体截面/mm² 16	63	67	65	—	—
电缆导体截面/mm² 25	84	86	83	87	87
电缆导体截面/mm² 35	101	105	100	105	102
电缆导体截面/mm² 50	119	126	126	123	118
电缆导体截面/mm² 70	148	149	149	148	148
电缆导体截面/mm² 95	180	181	177	178	178
电缆导体截面/mm² 120	209	209	205	200	200
电缆导体截面/mm² 150	232	232	228	232	222
电缆导体截面/mm² 185	264	264	255	262	252
电缆导体截面/mm² 240	308	309	300	300	295
电缆导体截面/mm² 300	344	346	332	343	333
电缆导体截面/mm² 400	—	—	—	380	370
电缆导体截面/mm² 500	—	—	—	432	422
土壤热阻系数/(K·m/W)	1.5	1.2		2.0	
环境温度/℃	25				

注　适用于铝芯电缆，铜芯电缆的允许持续载流量值可乘以 1.29。

2.2.31 10kV 三芯电力电缆允许载流量

表 2-31 10kV 三芯电力电缆允许载流量（A）

绝缘类型		不滴流纸		交联聚乙烯			
钢铠护套				无		有	
电缆导体最高工作温度/℃		65		90			
敷设方式		空气中	直埋	空气中	直埋	空气中	直埋
电缆导体截面/mm²	16	47	59	—	—	—	—
	25	63	79	100	90	100	90
	35	77	95	123	110	123	105
	50	92	111	146	125	141	120
	70	118	138	178	152	173	152
	95	143	169	219	182	214	182
	120	168	196	251	205	246	205
	150	189	220	283	223	278	219
	185	218	246	324	252	320	247
	240	261	290	378	292	373	292
	300	295	325	433	332	428	328
	400	—	—	506	378	501	374
	500	—	—	579	428	574	424
环境温度/℃		40	25	40	25	40	25
土壤热阻系数/(K·m/W)		—	1.2	—	2.0	—	2.0

注 1. 适用于铝芯电缆，铜芯电缆的允许持续载流量值可乘以 1.29。

2. 电缆导体工作温度大于 70℃时，允许载流量还应符合以下规定：

(1) 数量较多的该类电缆敷设于未装机械通风的隧道、竖井时，应计入对环境温升的影响。

(2) 电缆直埋敷设在干燥或潮湿土壤中，除实施换土处理能避免水分迁移的情况外，土壤热阻系数取值不宜小于 2.0K·m/W。

2.2.32 35kV 及以下电缆在不同环境温度时的载流量校正系数

表 2-32 35kV 及以下电缆在不同环境温度时的载流量校正系数

敷设位置		空 气 中				土 壤 中			
环境温度/℃		30	35	40	45	20	25	30	35
电缆导体最高工作温度/℃	60	1.22	1.11	1.0	0.86	1.07	1.0	0.93	0.85
	65	1.18	1.09	1.0	0.89	1.06	1.0	0.94	0.87
	70	1.15	1.08	1.0	0.91	1.05	1.0	0.94	0.88
	80	1.11	1.06	1.0	0.93	1.04	1.0	0.95	0.90
	90	1.09	1.05	1.0	0.94	1.04	1.0	0.96	0.92

2.2.33　不同土壤热阻系数时电缆载流量的校正系数

表 2 - 33　　　　　　　不同土壤热阻系数时电缆载流量的校正系数

土壤热阻系数 /(K·m/W)	分类特征（土壤特性和雨量）	校正系数
0.8	土壤很潮湿，经常下雨。如湿度大于 9% 的沙土；湿度大于 10% 的沙-泥土等	1.05
1.2	土壤潮湿，规律性下雨。如湿度大于 7% 但小于 9% 的沙土；湿度为 12%～14% 的沙-泥土等	1.0
1.5	土壤较干燥，雨量不大。如湿度为 8%～12% 的沙-泥土等	0.93
2.0	土壤干燥，少雨。如湿度大于 4% 但小于 7% 的沙土；湿度为 4%～8% 的沙-泥土等	0.87
3.0	多石地层，非常干燥。如湿度小于 4% 的沙土等	0.75

注　1. 适用于缺乏实测土壤热阻系数时的粗略分类，对 110kV 及以上电缆线路工程，宜以实测方式确定土壤热阻系数。

　　2. 校正系数适用于土壤热阻系数为 1.2K·m/W 的情况，不适用于三相交流系统的高压单芯电缆。

2.2.34　土中直埋多根并行敷设时电缆载流量校正系数

表 2 - 34　　　　　　土中直埋多根并行敷设时电缆载流量校正系数

并列根数		1	2	3	4	5	6
电缆之间净距/mm	100	1	0.9	0.85	0.80	0.78	0.75
	200	1	0.92	0.87	0.84	0.82	0.81
	300	1	0.93	0.90	0.87	0.86	0.85

注　不适用于三相交流系统单芯电缆。

2.2.35　空气中单层多根并行敷设时电缆载流量的校正系数

表 2 - 35　　　　　　空气中单层多根并行敷设时电缆载流量的校正系数

并列根数		1	2	3	4	5	6
电缆中心距	$S=d$	1.00	0.90	0.85	0.82	0.81	0.80
	$S=2d$	1.00	1.00	0.98	0.95	0.93	0.90
	$S=3d$	1.00	1.00	1.00	0.98	0.97	0.96

注　1. S 为电缆中心距离，d 为电缆外径。

　　2. 按全部电缆具有相同外径条件制订，当并列敷设的电缆外径不同时，d 值可近似地取电缆外径的平均值。

　　3. 不适用于交流系统中使用的单芯电力电缆。

2.2.36 电缆桥架上无间距配置多层并列电缆载流量的校正系数

表 2-36 电缆桥架上无间距配置多层并列电缆载流量的校正系数

叠置电缆层数		一	二	三	四
桥架类别	梯架	0.8	0.65	0.55	0.5
	托盘	0.7	0.55	0.5	0.45

注 呈水平状并列电缆数不少于 7 根。

2.2.37 1～6kV 电缆户外明敷无遮阳时载流量的校正系数

表 2-37 1～6kV 电缆户外明敷无遮阳时载流量的校正系数

电缆截面/mm²			35	50	70	95	120	150	185	240
电压/kV	1	三	—	—	—	0.90	0.98	0.97	0.96	0.94
	6	三	0.96	0.95	0.94	0.93	0.92	0.91	0.90	0.88
		单	—	—	—	0.99	0.99	0.99	0.99	0.98

注 运用本表系数校正对应的载流量基础值，是采取户外环境温度的户内空气中电缆载流量。

2.2.38 短路的基本形式

表 2-38 短 路 的 基 本 形 式

短路形式		示 意 图	表示符号	短路电流表示符号	相关说明
对称短路	三相短路		$k^{(3)}$	$I_k^{(3)}$ 或 I_k	因为短路回路的三相阻抗相等，所以三相短路电流和电压仍然是对称的，只是电流比正常值增大，电压比额定值降低。电力系统中发生三相短路的可能性最小，约占 2%～5%，但短路电流最大，造成的危害也最严重。因此是选择校验电气设备的依据
不对称短路	两相短路		$k^{(2)}$	$I_k^{(2)}$	发生两相短路的几率和三相短路的差不多，但两相短路电流比三相短路电流要小，一般用作校验继电保护的灵敏度

短路形式		示意图	表示符号	短路电流表示符号	相关说明
不对称短路	单相接地短路		$k^{(1)}$	$I_k^{(1)}$	电力系统中发生单相接地短路的可能性最大，约占70%~80%，甚至更高。小接地电流系统的单相短路电流很小。单相接地短路电流主要用于单相短路保护的整定和单相短路热稳定度的校验
	两相接地短路		$k^{(1.1)}$	$I_k^{(1.1)}$	电力网运行经验表明，常常先发生单相接地故障，然后进一步发展到两相接地，再导致相间短路。还有一种情况是两相短路后又接地，这实质上就是两相接地短路。 两相接地短路发生的几率大约为6%

2.2.39 需要确定的短路电流及计算目的

表 2-39　　　　　需要确定的短路电流及计算目的

短路物理量	符号	计算目的
三相对称短路电流初始值（超瞬态短路电流）	I''_{k3}	用于校验高压电器导体的热稳定、整定继电保护（电流速断保护）装置
三相对称开断电流（有效值）	I_{b3}	开关电器的第一对触头分断瞬间，预期短路电流对称交流分量在一个周期内的有效值，用于校验高压开关电器的分断能力
三相短路电流峰值（短路冲击电流）	i_{p3}	用于校验高压电器、母线、绝缘子的动稳定，校验断路器的额定关合电流
三相稳态短路电流（有效值）	I_{k3}	计算其他短路电流的依据；对远离发电机端短路，$I_{k3}=I''_{k3}$

短路物理量	符号	计 算 目 的
两相稳态短路电流（有效值）	I_{k2}	用于校验继电保护装置或高压熔断器的灵敏度；对远离发电机端短路，等于两相短路电流初始值
对称短路容量初始值	S''_{k3}	用于校验高压电动机起动的依据，也是计算低压电网短路电流的依据
单相接地电容电流	I_C	用于确定高压系统中性点接地方式；对高压非有效接地系统，用于验算接地装置的接触电压和跨步电压
单相接地短路电流	I''_{k1}	对高压有效接地系统，用于验算接地装置的接触电压和跨步电压

注　需根据不同用途分别计算出系统可能发生的最大短路电流和最小短路电流。

2.2.40　高压电网三相对称短路电流的标幺值法

表 2－40　　　　　　　　　　高压电网三相对称短路电流的标幺值法

序号	计算步骤		计算公式	符号说明	备　注
1	设定基准容量和基准电压，计算短路点基准电流	基准容量	$S_d=100MVA$	c——短路计算电压系数，取平均值 1.05 U_n——短路计算点所在电网的标称电压（kV） I_d——短路计算点的基准电流（kA）	短路计算点应根据计算目的选取，一般为高压电源引入处、高压配电所母线、车间变电所变压器一次侧和二次侧等处
		基准电压	$U_d=cU_n$		
		基准电流	$I_d=\dfrac{S_d}{\sqrt{3}U_d}=\dfrac{S_d}{\sqrt{3}cU_n}$		
2	计算短路回路中各主要元件的电抗标幺值（X_S^*，X_W^*，X_T^*，X_L^*）	电力系统	$X_S^*=\dfrac{S_d}{S''_{k3}}$	S''_{k3}——电力系统变电所高压馈电线出口处的短路容量（MVA），取具体工程的设计规划容量（供电部门提供） x_0——电力线路单位长度的电抗（Ω/km），可查表 2－41 l——电力线路的长度（km） U_n——元件所在电网的标称电压（kV） $U_k\%$——配电变压器的短路电压（即阻抗电压）百分值 $S_{r.T}$——配电变压器的额定容量（MVA） $X_L\%$、$U_{r.L}$、$I_{r.L}$——限流电抗器的电抗百分值、额定电压（kV）、额定电流（kA）	当线路结构数据不详时，x_0 可取其平均值，对 10kV 架空线路可取 $x_0=0.35Ω/km$，对 10kV 电力电缆可取 $x_0=0.10Ω/km$
		电力线路	$X_W^*=x_0 l\dfrac{S_d}{(cU_n)^2}$		
		配电变压器	$X_T^*=\dfrac{U_k\%S_d}{100S_{r.T}}$		
		限流电抗器	$X_L^*=\dfrac{X_L\%}{100}\dfrac{U_{r.L}}{\sqrt{3}I_{r.L}}\dfrac{S_d}{(cU_n)^2}$		

序号	计算步骤	计算公式	符号说明	备 注
3	绘制出短路回路的等效电路，按阻抗串并联关系求等效阻抗的方法化简电路，计算短路回路的总电抗标幺值（X_Σ^*）	—	—	针对不同短路计算点分别计算
4	计算三相短路电流周期分量有效值及其他短路电流和三相短路容量	三相对称短路电流初始值(kA) $I_{k3}''=I_d/X_\Sigma^*$	K_p——峰值系数，$K_p=1+e^{-\pi R_\Sigma/X_\Sigma}$ 对高压电路，$R_\Sigma\ll(1/3)X_\Sigma$，可取 $K_p=1.8$，则 $i_{p3}=2.55I_{k3}''$ U_n——短路计算点所在电网的标称电压（kV）	—
		三相对称开断电流（有效值）(kA) 对远离发电机端短路，$I_{b3}=I_{k3}''$		
		三相短路电流峰值(kA) $i_{p3}=\sqrt{2}K_p I_{k3}''$		
		三相稳态短路电流（有效值）(kA) 对远离发电机端短路，$I_{k3}=I_{k3}''$		
		对称短路容量初始值(MVA) $S''_{k3}=\sqrt{3}cU_n I_{k3}''$		
5	列出短路计算表	—	—	—

2.2.41 三相线路电线电缆单位长度每相阻抗值

表 2-41　　　　　　三相线路电线电缆单位长度每相阻抗值

类　别		导线截面/mm²											
		6	10	16	25	35	50	70	95	120	150	185	240
导线类型	导线温度/℃	每相电阻 $r/(\Omega\cdot km^{-1})$											
铝	20	—	—	1.798	1.151	0.822	0.575	0.411	0.303	0.240	0.192	0.156	0.121
LJ 绞线	55			2.054	1.285	0.950	0.660	0.458	0.343	0.271	0.222	0.179	0.137
LGJ 绞线	55			—	—	0.938	0.678	0.481	0.349	0.285	0.221	0.181	0.138
铜	20	2.867	1.754	1.097	0.702	0.501	0.351	0.251	0.185	0.146	0.117	0.095	0.077

类 别		导线截面/mm²											
		6	10	16	25	35	50	70	95	120	150	185	240
导线类型	导线温度/℃	每相电阻 $r/(\Omega \cdot km^{-1})$											
BV 导线	60	3.467	2.040	1.248	0.805	0.579	0.398	0.291	0.217	0.171	0.137	0.112	0.086
VV 电缆	60	3.325	2.035	1.272	0.814	0.581	0.407	0.291	0.214	0.169	0.136	0.110	0.085
YJV 电缆	80	3.554	2.175	1.359	0.870	0.622	0.435	0.310	0.229	0.181	0.145	0.118	0.091
导线类型	线距/mm	每相电抗 $x/(\Omega \cdot km^{-1})$											
LJ 裸铝绞线	800	—	—	0.381	0.367	0.357	0.345	0.335	0.322	0.315	0.307	0.301	0.293
	1000	—	—	0.390	0.376	0.366	0.355	0.344	0.335	0.327	0.319	0.313	0.305
	1250	—	—	0.408	0.395	0.385	0.373	0.363	0.350	0.343	0.335	0.329	0.321
LGJ 钢芯铝绞线	1500	—	—	—	—	0.39	0.38	0.37	0.35	0.35	0.34	0.33	0.33
	2000	—	—	—	—	0.403	0.394	0.383	0.372	0.365	0.358	0.35	0.34
	3000	—	—	—	—	0.434	0.424	0.413	0.399	0.392	0.384	0.378	0.369
BV 导线	明敷 100	0.300	0.280	0.265	0.251	0.241	0.229	0.219	0.206	0.199	0.191	0.184	0.178
	明敷 150	0.325	0.306	0.290	0.277	0.266	0.251	0.242	0.231	0.223	0.216	0.209	0.200
	穿管敷设	0.112	0.108	0.102	0.099	0.095	0.091	0.087	0.085	0.083	0.082	0.081	0.080
VV 电缆（1kV）		0.093	0.087	0.082	0.075	0.072	0.071	0.070	0.070	0.070	0.070	0.070	0.070
YJV 电缆	1kV	0.092	0.085	0.082	0.082	0.080	0.079	0.078	0.077	0.077	0.077	0.077	0.077
	10kV	—	—	0.133	0.120	0.113	0.107	0.101	0.096	0.095	0.093	0.090	0.087

注 计算线路功率损耗与电压损失时取导线实际工作温度推荐值下的电阻值，计算线路三相最大短路电流时取导线在 20℃时的电阻值。

2.2.42 低压短路回路各元件的（正序）阻抗值计算公式

表 2-42　　　　　低压短路回路各元件的（正序）阻抗值计算公式　　　　　（单位：mΩ）

序号	元件名称	（正序）阻抗计算公式			符号说明
		阻抗	电阻	电抗	
1	高压系统	$Z_S = \dfrac{(cU_n)^2}{S''_{k3}} \times 10^{-3}$	$R_S = 0.1X_S$	$X_S = 0.995Z_S$	S''_{k3}——配电变压器高压侧短路容量（MV·A） U_n——低压电网的额定电压（380V） ΔP_k——配电变压器的短路损耗（kW） $S_{r.T}$——配电变压器的额定容量（kV·A） r、x——母线、线路单位长度的电抗（mΩ/m），可查表2-41、表2-43～表2-45或设计手册 l——母线、配电线路的长度（m）
2	配电变压器	$Z_S = \dfrac{U_k\% \ (cU_n)^2}{100S_{r.T}}$	$R_T = \dfrac{\Delta P_k \ (cU_n)^2}{S_{r.T}^2}$	$X_T = \sqrt{Z_T^2 - R_T^2}$	
3	配电母线	$Z_{WB} = \sqrt{R_{WB}^2 + X_{WB}^2}$	$R_{WB} = rl$	$X_{WB} = xl$	
4	配电线路	$Z_{WP} = \sqrt{R_{WP}^2 + X_{WP}^2}$	$R_{WP} = rl$	$X_{WP} = xl$	

2.2.43 低压铜母线单位长度每相阻抗及相线——中性线阻抗值

表 2-43　　　　低压铜母线单位长度每相阻抗及相线——中性线阻抗值　　　（单位：mΩ/m）

母线规格/mm	65℃相电阻 $r_{65}°$	20℃相电阻 r	相线-中性线电阻 $r_{L-N}=r_L+r_N$	相电抗 x $D=125mm$	相线-中性线电抗 x_{L-N} $D_N=125mm$
4[2(125×10)]	0.011	0.009	0.019	0.105	0.238
3[2(125×10)]+125×10	0.011	0.009	0.028	0.105	0.238
4(125×10)	0.022	0.019	0.037	0.105	0.238
3(125×10)+80×10	0.022	0.019	0.045	0.105	0.260
4[2(100×10)]	0.013	0.011	0.022	0.116	0.260
3[2(100×10)]+100×10	0.013	0.011	0.033	0.116	0.260
4(100×10)	0.026	0.022	0.044	0.116	0.260
3(100×10)+63×10	0.026	0.022	0.055	0.116	0.283
4[2(80×10)]	0.016	0.013	0.026	0.127	0.271
3[2(80×10)]+80×10	0.016	0.013	0.039	0.127	0.282
4(80×10)	0.031	0.026	0.052	0.127	0.282
3(80×10)+63×8	0.031	0.026	0.066	0.127	0.296
4[2(100×8)]	0.016	0.013	0.026	0.118	0.264
3[2(100×8)]+100×8	0.016	0.013	0.039	0.118	0.264
4(100×8)	0.031	0.026	0.053	0.118	0.264
3(100×8)+80×6.3	0.031	0.026	0.066	0.118	0.277
4[2(80×8)]	0.019	0.016	0.031	0.129	0.287
3[2(80×8)]+80×8	0.019	0.016	0.047	0.129	0.287
4(80×8)	0.037	0.031	0.063	0.129	0.287
3(80×8)+63×6.3	0.037	0.031	0.084	0.129	0.301
4(80×6.3)	0.047	0.040	0.080	0.131	0.290
3(80×6.3)+50×6.3	0.047	0.040	0.101	0.131	0.317
4(63×6.3)	0.062	0.053	0.105	0.143	0.315
3(63×6.3)+50×5	0.062	0.053	0.126	0.143	0.329
4(50×5)	0.087	0.074	0.147	0.157	0.343
3(50×5)+40×4	0.087	0.074	0.161	0.157	0.356
4(40×4)	0.103	0.087	0.175	0.170	0.370

注　1. 母线竖放，相邻相母线中心间距 D 按 125mm 计；当 N 母线与相母线并列放置时，N 线在边位，与相邻相母线中心间距 D_N 按 125mm 计。

2. 2 片母线并联时相电阻减半，相电抗近似不变。

2.2.44 低压密集绝缘铜母线槽单位长度每相阻抗及相线——中性线阻抗值

表 2 – 44 低压密集绝缘铜母线槽单位长度每相阻抗及相线——中性线阻抗值

(单位：mΩ/m)

型 号 规 格		65℃相电阻	20℃相电阻	相线-中性线电阻	相电抗 x	相线—中性线电抗
额定电流/A	相母线规格/mm	$r_{65}°$	r	$r_{L-N}=r_L+r_N$		x_{L-N}
200	6.3×30	0.111	0.094	0.188	0.030	0.080
400	6.3×40	0.084	0.071	0.142	0.027	0.072
630	6.3×50	0.066	0.056	0.112	0.025	0.067
800	6.3×70	0.047	0.040	0.080	0.023	0.061
1000	6.3×80	0.041	0.035	0.070	0.018	0.048
1250	6.3×125	0.027	0.023	0.046	0.014	0.037
1600	6.3×150	0.022	0.019	0.038	0.010	0.027
2000	6.3×200	0.017	0.014	0.028	0.008	0.021

注 1. 实际工程中应按具体产品生产厂家提供的数据进行计算。

2. 相线母线与中性线母线包以绝缘无间距并列放置，中性线母线在边位。额定电流 2000A 及以下，中性线母线与相母线等截面。

2.2.45 低压铜芯电线电缆单位长度相线——中性线阻抗值

表 2 – 45　　　　低压铜芯电线电缆单位长度相线——中性线阻抗值　　（单位：mΩ/m）

			$r_{L-N}=1.5(r_L+r_N)$										
保护线截面/mm² $A_N=A$		6	10	16	25	35	50	70	95	120	150	185	240
铜芯		8.601	5.262	3.291	2.106	1.503	1.053	0.753	0.555	0.438	0.351	0.285	0.231
保护线截面/mm² $A_N≈0.5A$		4	6	10	16	16	25	35	50	70	70	95	120
铜芯		10.751	6.932	4.277	2.699	2.397	1.580	1.128	0.804	0.596	0.552	0.420	0.335
			x_{L-N}										
导线截面 A/mm²		6	10	16	25	35	50	70	95	120	150	185	240
绝缘导线明敷	线距 150mm $A_N=A$	0.681	0.643	0.611	0.583	0.563	0.537	0.517	0.493	0.478	0.464	0.448	0.428
	线距 150mm $A_N≈0.5A$	—	0.627	0.597	0.587	0.559	0.539	0.516	0.498	0.491	0.470	0.452
	线距 100mm $A_N=A$	0.631	0.591	0.561	0.533	0.513	—						
	线距 100mm $A_N≈0.5A$	—	0.576	0.547	0.537								
绝缘导线穿管敷设	$A_N=A$	0.26	0.26	0.25	0.23	0.24	0.21	0.22	0.23	0.21	0.20	—	—
	$A_N≈0.5A$	—	0.25	0.25	0.25	0.22	0.23	0.21	0.21	0.21	—	—
YJV/VV 电力电缆	$A_N=A$	0.200	0.188	0.174	0.164	0.160	0.158	0.156	0.158	0.152	0.152	0.152	0.152
	$A_N≈0.5A$	0.211	0.224	0.201	0.192	0.191	0.187	0.178	0.186	0.161	0.161	0.179	0.179

2.2.46　短路电流的计算步骤及公式

表 2 - 46　　　　　　　　　　　短路电流的计算步骤及公式

序号	计算步骤	计 算 公 式		符号说明
1	采用方框图形式绘制等效电路	—		
2	分别独立计算各主要元件的短路容量（S_{sk}，S_{Tk}，S_{WLk}）	电力系统	$S_{sk}=S_{oc}$	S_{oc}——电力系统出口处断路器的断流容量（MVA）U_{av}——线路所在处的平均额定电压（kV）
		电力变压器	$S_{Tk}=\dfrac{100}{U_k\%}S_N$	
		电流线路	$S_{WLk}=\dfrac{U_{av}^2}{x_0 L}$	
3	化简等效电路，求出以电源至短路点的总短路容量	多元件的并联（以 3 个元件为例） 	$S_{k\sum}=S_{k1}+S_{k2}+S_{k3}$ $=\displaystyle\sum_{i=1}^{n}S_{ki}$	
		多元件的串联（以 3 个元件为例） 	$S_{k\Sigma}=\dfrac{1}{\dfrac{1}{S_{k1}}+\dfrac{1}{S_{k2}}+\dfrac{1}{S_{k3}}}$ $=\dfrac{1}{\displaystyle\sum_{i=1}^{n}S_{ki}}$	
4	计算三相短路电流周期分量有效值及其他短路电流和三相短路容量	$I_k^{(3)}=\dfrac{S_k^{(3)}}{\sqrt{3}U_{av}}$		—
5	列出短路计算表	—		—

2.2.47　接地故障回路各元件的相线——保护线阻抗值

表 2 - 47　　　　　　　　接地故障回路各元件的相线——保护线阻抗值

序号	元件名称	相线—保护线阻抗（mΩ）计算公式		符号说明
		相线—保护线电阻	相线—保护线电抗	
1	高压系统	$R_{L-PE.S}=\dfrac{2}{3}R_S$（高压无零序）	$X_{L-PE.S}=\dfrac{2}{3}X_S$（高压无零序）	r_{L-PE}，x_{L-PE}——母线、线路单位长度的相线—保护线阻抗（mΩ/m），可查表 2 - 43～表 2 - 45 或设计手册 其余符号含义同表 2 - 42
2	配电变压器	$R_{L-PE.T}=R_T$（Dyn11 连接）	$X_{L-PE.T}=X_T$（Dyn11 连接）	
3	配电母线	$R_{L-PE.WB}=r_{L-PE}l$	$X_{L-PE.WB}=x_{L-PE}l$	
4	配电线路	$R_{L-PE.WP}=r_{L-PE}l$	$X_{L-PE.WP}=x_{L-PE}l$	

注　1. 高压系统与变压器的相线—保护线阻抗均为折算到低压侧的值。

　　2. 元件相线—保护线阻抗计算公式 $R_{L-PE}=(R_1+R_2+R_0)/3$，$X_{L-PE}=(X_1+X_2+X_0)/3$，式中 R_1、X_1、R_2、X_2、R_0、X_0 分别为元件的正序阻抗、负序阻抗和零序阻抗。对静止元件，$R_1=R_2=R$、$X_1=X_2=X$；对三相三线制高压系统，$R_0=0$、$X_0=0$；对 Dyn11 连接配电变压器，$R_0=R$、$X_0=X$，对 Yyn0 连接配电变压器，其 R_0、X_0 比正序阻抗大得多，由制造厂通过测试提供。对三相四线制母线、线路，$R_0=R_{0L}+3R_{0PE}$，$X_0=X_{0L}+3X_{0PE}$。

2.2.48 变压器低压侧短路时折算到高压侧穿越电流的换算关系

表 2-48 变压器低压侧短路时折算到高压侧穿越电流的换算关系

连接组别	三 相 短 路	两 相 短 路	单 相 短 路
Yyn0			
Yd11			
Dyn11			

2.2.49 10kV铜芯交联聚乙烯电缆短路电流选择表

表 2－49   10kV铜芯交联聚乙烯电缆短路电流（kA）选择表

短 路 容 量		500MVA						200MVA					
线路长度/km	电流代号	YJV，YJV22，YJV32－10kV 电缆截面/mm²						YJV，YJV22，YJV32－10kV 电缆截面/mm²					
		95	120	150	185	240	300	95	120	150	185	240	300
0.5	I_k	20.68	21.36	21.86	22.27	22.61	22.93	9.93	10.01	10.07	10.12	10.16	10.21
	I_{k2}	17.90	18.50	18.93	19.28	19.58	19.86	8.60	9.67	8.72	8.76	8.80	8.84
	i_p	47.55	54.48	55.75	56.78	57.66	58.47	25.32	25.52	25.67	25.80	25.92	26.04
1	I_k	15.36	16.53	17.45	18.20	18.86	19.44	8.80	9.01	9.17	9.29	9.40	9.50
	I_{k2}	13.30	14.32	15.11	15.76	16.33	16.84	7.62	7.81	7.94	8.05	8.14	8.23
	i_p	31.79	38.03	40.13	46.40	48.09	49.57	22.44	22.98	23.38	23.70	23.97	24.22
1.5	I_k	11.93	13.22	14.28	15.19	16.03	16.77	7.77	8.10	8.35	8.54	8.71	8.86
	I_{k2}	10.34	11.45	12.37	13.16	13.88	14.53	6.73	7.02	7.23	7.40	7.54	7.67
	i_p	21.96	27.36	29.57	34.94	36.87	42.77	17.88	18.64	21.28	21.78	22.21	22.60
2	I_k	9.67	10.92	12.00	12.96	13.88	14.70	6.89	7.30	7.62	7.87	8.09	8.29
	I_{k2}	8.38	9.46	10.39	11.22	12.02	12.73	5.96	6.32	6.60	6.82	7.01	7.18
	i_p	17.80	20.09	22.08	26.82	28.72	33.81	14.26	15.12	17.52	20.07	20.64	21.14
2.5	I_k	8.10	9.27	10.31	11.26	12.20	13.06	6.14	6.61	6.98	7.28	7.54	7.78
	I_{k2}	7.02	8.02	8.93	9.75	10.56	11.31	5.32	5.73	6.04	6.30	6.53	6.73
	i_p	14.91	17.05	18.97	20.72	22.45	27.03	11.30	12.17	14.45	16.74	19.24	19.83
3	I_k	6.96	8.03	9.00	9.94	10.87	11.73	5.52	6.02	6.42	6.75	7.05	7.32
	I_{k2}	6.02	6.95	7.81	8.61	9.41	10.16	4.78	5.21	5.56	5.85	6.11	6.34
	i_p	12.80	14.78	16.60	18.28	20.00	21.59	10.16	11.08	11.81	13.98	17.98	18.65

注 I_k——稳态短路电流有效值；I_{k2}——二相短路电流有效值；i_p——短路电流峰值。

2.2.50 6kV铜芯交联聚乙烯电缆短路电流选择表

表 2-50   6kV铜芯交联聚乙烯电缆短路电流（kA）选择表

短路容量		200MVA						500MVA					
线路长度 /km	电流代号	YJV，YJV22，YJV32-6kV 电缆截面/mm²						YJV，YJV22，YJV32-6kV 电缆截面/mm²					
		95	120	150	185	240	300	95	120	150	185	240	300
0.5	I_k	13.47	14.02	14.41	14.73	14.97	15.15	21.26	23.56	25.42	27.00	28.35	29.40
	I_{k2}	11.66	12.14	12.48	12.75	12.96	13.12	18.41	20.40	22.01	23.38	24.55	25.46
	i_p	27.88	32.25	36.76	37.56	38.16	38.62	39.12	43.34	46.77	55.88	65.21	74.96
1	I_k	9.78	10.66	11.34	11.91	12.38	12.73	12.55	14.53	16.34	18.03	19.66	21.02
	I_{k2}	8.47	9.23	9.82	10.31	10.72	11.03	10.86	12.58	14.15	15.62	17.02	18.20
	i_p	17.99	22.06	26.09	27.39	31.56	32.47	23.08	26.74	30.07	33.18	40.69	53.59
1.5	I_k	7.49	8.41	9.18	9.85	10.44	10.91	8.80	10.38	11.90	13.38	14.89	16.23
	I_{k2}	6.49	7.29	7.95	8.53	9.04	9.45	7.62	8.99	10.30	11.59	12.90	14.05
	i_p	13.79	15.48	19.01	20.40	24.02	27.82	16.20	19.10	21.89	24.62	27.40	37.33
2	I_k	6.02	6.89	7.65	8.35	8.99	9.51	6.76	8.05	9.32	10.60	11.95	13.18
	I_{k2}	5.22	5.97	6.63	7.23	7.78	8.23	5.86	6.97	8.07	9.18	10.35	11.41
	i_p	11.08	12.68	14.09	15.36	18.60	21.87	12.45	14.81	17.15	19.50	21.99	27.28
2.5	I_k	5.02	5.81	6.54	7.21	7.86	8.41	5.49	6.57	7.65	8.76	9.96	11.08
	I_{k2}	4.35	5.03	5.66	6.25	6.81	7.28	4.75	5.69	6.63	7.59	8.63	9.60
	i_p	9.23	10.69	12.03	13.27	14.47	17.40	10.10	12.08	14.08	16.12	18.33	20.39
3	I_k	4.29	5.02	5.69	6.34	6.98	7.52	4.61	5.54	6.49	7.46	8.54	9.56
	I_{k2}	3.72	4.34	4.93	5.49	6.04	6.52	4.00	4.80	5.62	6.46	7.39	8.28
	i_p	7.90	9.23	10.48	11.66	12.84	8.49	10.20	11.94	13.73	15.71	17.58	

注 同表 2-49。

2.2.51 低压铜芯交联聚乙烯电缆短路电流选择表

表2-51　低压铜芯交联聚乙烯电缆短路电流（A）选择表

线路长度/m	电流代号	500kVA　$u_k\%=4$　YJV 电缆截面/mm²											630kVA　$u_k\%=4$　YJV 电缆截面/mm²										
		10	16	25	35	50	70	95	120	150	185	240	10	16	25	35	50	70	95	120	150	185	240
12	I_k	6.92	9.29	11.41	12.61	13.44	14.15	14.57	14.79	14.93	15.05	15.16	7.33	10.20	13.02	14.74	15.98	17.07	17.71	18.05	18.27	18.45	18.61
12	I_d	2.86	4.38	6.19	6.66	8.32	9.57	10.47	11.17	11.30	11.72	11.98	2.92	4.56	6.61	7.17	9.23	10.89	12.14	13.15	13.33	13.95	14.33
14	I_k	6.16	8.48	10.69	12.02	12.96	13.79	14.28	14.53	14.70	14.84	14.97	6.47	9.19	12.05	13.89	15.28	16.53	17.27	17.67	17.93	18.14	18.33
14	I_d	2.48	3.85	5.54	5.99	7.65	8.97	9.95	10.74	10.88	11.37	11.67	2.53	3.99	5.86	6.39	8.39	10.09	11.43	12.54	12.75	13.45	13.88
16	I_k	5.55	7.78	10.04	11.46	12.50	13.43	13.99	14.29	14.48	14.64	14.78	5.79	8.35	11.18	13.10	14.60	15.99	16.84	17.30	17.60	17.84	18.06
16	I_d	2.19	3.44	5.01	5.44	7.07	8.60	9.47	10.33	10.49	11.03	11.36	2.23	3.54	5.26	5.75	7.68	9.38	10.77	11.97	12.19	12.97	13.45
18	I_k	5.04	7.17	9.44	10.92	12.05	12.77	13.71	14.04	14.26	14.44	14.60	5.23	7.64	10.42	12.38	13.97	15.48	16.43	16.93	17.27	17.54	17.79
18	I_d	1.96	3.10	4.56	5.01	6.56	7.68	9.02	9.94	10.11	10.71	11.08	1.99	3.18	4.76	5.23	7.07	8.75	10.18	11.44	11.68	12.52	13.05
20	I_k	4.61	6.65	8.90	10.43	11.63	12.14	13.43	13.80	14.05	14.25	14.43	4.76	7.03	9.73	11.71	13.37	14.98	16.02	16.58	16.95	17.25	17.52
20	I_d	1.78	2.82	4.19	4.58	6.12	6.92	8.60	9.57	9.75	10.40	10.80	1.80	2.88	4.35	4.78	6.54	8.19	9.63	10.94	11.19	12.09	12.66
25	I_k	3.80	5.60	7.75	9.32	10.64	11.56	12.77	13.22	13.53	13.77	14.00	3.89	5.85	8.33	10.28	12.02	13.83	15.05	15.73	16.19	16.56	16.89
25	I_d	1.44	2.30	3.47	3.81	5.21	6.28	7.68	8.74	8.94	9.68	10.15	1.45	2.34	3.57	3.94	5.50	7.03	8.46	9.83	10.11	11.11	11.76

| 线路长度/m | 电流代号 | 500kVA $u_k\%=4$ YJV电缆截面/mm² | | | | | | | | | | | 630kVA $u_k\%=4$ YJV电缆截面/mm² | | | | | | | | | | |
		10	16	25	35	50	70	95	120	150	185	240	10	16	25	35	50	70	95	120	150	185	240
30	I_k	3.23	4.83	6.83	8.39	9.77	11.01	12.14	12.67	13.03	13.32	13.59	3.29	5.00	7.26	9.12	10.88	12.80	14.16	14.93	15.47	15.90	16.30
	I_d	1.21	1.94	2.95	3.26	4.52	5.74	6.92	8.01	8.23	9.03	9.56	1.22	1.97	3.03	3.35	4.73	6.14	7.52	8.91	9.19	10.25	10.97
35	I_k	2.80	4.24	6.10	7.61	9.00	10.51	11.56	12.15	12.56	12.90	13.20	2.85	4.36	6.42	8.18	9.90	11.88	13.35	14.20	14.79	15.29	15.74
	I_d	1.04	1.68	2.57	2.84	3.99	5.28	6.28	7.39	7.61	8.46	9.03	1.05	1.70	2.63	2.91	4.15	5.45	6.76	8.12	8.41	9.50	10.26
40	I_k	2.47	3.77	5.49	6.95	8.33	10.04	11.01	11.66	12.12	12.49	12.83	2.51	3.87	5.74	7.40	9.07	11.07	12.60	13.51	14.17	14.71	15.21
	I_d	0.91	1.49	2.28	2.52	3.57	4.88	5.74	6.84	7.07	7.94	8.54	0.92	1.49	2.32	2.57	3.69	4.89	6.13	7.45	7.74	8.85	9.63
45	I_k	2.21	3.39	5.00	6.38	7.74	9.19	10.51	11.20	11.69	12.10	12.48	2.24	3.47	5.19	6.75	8.36	10.34	11.92	12.88	13.58	14.17	14.71
	I_d	0.81	1.32	2.04	2.26	3.22	4.24	5.28	6.36	6.59	7.48	8.10	0.82	1.33	2.07	2.30	3.32	4.43	5.60	6.88	7.16	8.27	8.97
50	I_k	2.00	3.08	4.58	5.90	7.22	8.81	10.04	10.77	11.29	11.74	12.14	2.02	3.14	4.74	6.20	7.74	9.69	11.30	12.29	13.03	13.66	14.24
	I_d	0.73	1.19	1.85	2.05	2.94	3.89	4.88	5.94	6.17	7.06	7.70	0.74	1.20	1.87	2.08	3.02	4.05	5.15	6.38	6.66	7.75	8.56
60	I_k	1.68	2.61	3.92	5.11	6.36	7.92	9.19	9.98	10.56	11.05	11.51	1.70	2.65	4.03	5.32	6.74	8.60	10.21	11.25	12.04	12.73	13.38
	I_d	0.61	1.00	1.56	1.73	2.50	3.34	4.24	5.24	5.46	6.35	7.00	0.61	1.00	1.57	1.75	2.55	3.45	4.43	5.57	5.83	6.89	7.69
70	I_k	1.45	2.26	3.42	4.50	5.66	7.17	8.46	9.28	9.90	10.44	10.94	1.46	2.29	3.50	4.66	5.95	7.71	9.29	10.35	11.17	11.90	12.60
	I_d	0.53	0.86	1.34	1.49	2.17	2.92	3.74	4.68	4.89	5.75	6.40	0.53	0.86	1.36	1.51	2.21	3.00	3.89	4.93	5.18	6.18	6.97

2 供配电常用计算公式 **61**

| 线路长度/m | 电流代号 | 650kVA　uₖ%=6　YJIV 电缆截面/mm² | | | | | | | | | | | 800kVA　uₖ%=6　YJIV 电缆截面/mm² | | | | | | | | | | |
		10	16	25	35	50	70	95	120	150	185	240	10	16	25	35	50	70	95	120	150	185	240
12	I_k	6.83	8.97	10.72	11.63	12.22	12.69	12.95	13.08	13.17	13.24	13.30	7.29	9.97	12.41	13.78	14.70	15.46	15.88	16.09	16.23	16.33	16.43
	I_d	2.88	4.40	6.15	6.59	8.10	9.15	9.86	10.39	10.47	10.77	10.94	2.94	4.58	6.58	7.12	9.04	10.49	11.52	12.31	12.44	12.90	13.16
14	I_k	6.12	8.26	10.14	11.18	11.87	12.43	12.75	12.91	13.01	13.09	13.16	6.46	9.05	11.59	13.10	14.16	15.06	15.56	15.82	15.98	16.11	16.22
	I_d	2.50	3.87	5.53	5.96	7.50	8.64	9.44	10.05	10.15	10.50	10.70	2.54	4.00	5.85	6.37	8.26	9.78	10.92	11.81	11.97	12.50	12.81
16	I_k	5.52	7.62	9.60	10.74	11.52	12.18	12.54	12.73	12.85	12.94	13.03	5.79	8.26	10.83	12.46	13.64	14.66	15.25	15.55	15.74	15.89	16.02
	I_d	2.21	3.46	5.01	5.43	6.96	8.16	9.04	9.72	9.83	10.23	10.47	2.24	3.55	5.26	5.75	7.59	9.15	10.36	11.34	11.52	12.11	12.46
18	I_k	5.03	7.06	9.09	10.31	11.18	11.92	12.34	12.56	12.69	12.80	12.90	5.23	7.58	10.15	11.84	13.13	14.27	14.94	15.28	15.50	15.67	15.82
	I_d	1.98	3.12	4.57	4.98	6.49	7.72	8.65	9.40	9.53	9.97	10.24	2.00	3.19	4.77	5.23	7.01	8.57	9.83	10.89	11.08	11.74	12.13
20	I_k	4.61	6.57	8.61	9.90	10.84	11.67	12.14	12.38	12.54	12.66	12.77	4.77	7.00	9.53	11.27	12.64	13.89	14.63	15.01	15.26	15.45	15.62
	I_d	1.79	2.84	4.20	4.59	6.07	7.31	8.29	9.09	9.24	9.72	10.02	1.81	2.90	4.36	4.79	6.50	8.05	9.35	10.46	10.67	11.38	11.82
25	I_k	3.81	5.57	7.58	8.96	10.05	11.05	11.64	11.95	12.15	12.31	12.45	3.91	5.85	8.22	10.00	11.51	12.97	13.89	14.37	14.68	14.93	15.14
	I_d	1.45	2.31	3.49	3.83	5.19	6.43	7.48	8.38	8.55	9.13	9.49	1.46	2.35	3.59	3.96	5.49	6.96	8.28	9.49	9.73	10.55	11.07
30	I_k	3.23	4.82	6.73	8.14	9.32	10.46	11.17	11.54	11.78	11.97	12.14	3.30	5.01	7.20	8.95	10.51	12.12	13.18	13.75	14.13	14.43	14.69

线路长度/m	电流代号	630kVA $u_k\%=6$ YJV 电缆截面/mm²											800kVA $u_k\%=6$ YJV 电缆截面/mm²										
		10	16	25	35	50	70	95	120	150	185	240	10	16	25	35	50	70	95	120	150	185	240
30	I_d	1.21	1.95	2.97	3.27	4.52	5.72	6.78	7.75	7.93	8.59	9.00	1.22	1.97	3.04	3.36	4.73	6.11	7.41	8.66	8.91	9.81	10.40
	I_k	2.81	4.24	6.03	7.44	8.66	9.90	10.71	11.14	11.43	11.65	11.85	2.86	4.37	6.39	8.07	9.64	11.34	12.52	13.17	13.60	13.95	14.25
35	I_d	1.04	1.69	2.59	2.86	4.00	5.13	6.19	7.18	7.38	8.09	8.55	1.05	1.70	2.64	2.92	4.15	5.43	6.68	7.94	8.20	9.15	9.78
	I_k	2.48	3.77	5.46	6.82	8.07	9.39	10.27	10.76	11.08	11.34	11.56	2.52	3.88	5.73	7.33	8.88	10.63	11.90	12.61	13.10	13.50	13.84
40	I_d	0.92	1.48	2.29	2.53	3.58	4.65	5.67	6.69	6.89	7.64	8.13	0.92	1.50	2.33	2.58	3.70	4.88	6.07	7.32	7.58	8.56	9.23
	I_k	2.22	3.40	4.98	6.29	7.54	8.91	9.86	10.39	10.75	11.04	11.29	2.25	3.48	5.19	6.70	8.22	9.99	11.32	12.09	12.63	13.06	13.44
45	I_d	0.82	1.32	2.05	2.27	3.24	4.24	5.24	6.24	6.45	7.23	7.75	0.82	1.33	2.08	2.31	3.33	4.43	5.56	6.77	7.04	8.03	8.72
	I_k	2.01	3.09	4.57	5.83	7.06	8.46	9.47	10.04	10.43	10.75	11.03	2.03	3.15	4.74	6.17	7.64	9.41	10.79	11.60	12.18	12.65	13.07
50	I_d	0.73	1.20	1.86	2.06	2.95	3.90	4.85	5.85	6.06	6.85	7.39	0.74	1.20	1.88	2.09	3.03	4.05	5.13	6.30	6.56	7.56	8.27
	I_k	1.69	2.62	3.91	5.08	6.26	7.67	8.75	9.39	9.83	10.20	10.53	1.70	2.66	4.03	5.31	6.67	8.41	9.83	10.71	11.35	11.88	12.36
60	I_d	0.61	1.00	1.56	1.74	2.51	3.35	4.23	5.18	5.39	6.19	6.76	0.62	1.01	1.58	1.76	2.56	3.45	4.42	5.52	5.77	6.75	7.47
	I_k	1.45	2.26	3.42	4.48	5.60	6.99	8.11	8.80	9.29	9.70	10.07	1.46	2.29	3.51	4.65	5.91	7.58	9.01	9.92	10.60	11.19	11.72
70	I_d	0.53	0.86	1.35	1.50	2.18	2.93	3.74	4.64	4.85	5.64	6.22	0.53	0.87	1.36	1.51	2.21	3.01	3.88	4.90	5.14	6.09	6.81

线路长度/m	变压器 电流代号	1000kVA $u_k\%=6$ YJV电缆截面/mm²											1250kVA $u_k\%=6$ YJV电缆截面/mm²										
		10	16	25	35	50	70	95	120	150	185	240	16	25	35	50	70	95	120	150	185	240	300
12	I_k	7.63	10.78	13.95	15.87	17.24	18.39	19.04	19.37	19.58	19.74	19.88	11.49	15.43	18.04	20.01	21.75	22.76	23.27	23.59	23.84	24.06	24.19
	I_d	2.98	4.71	6.93	7.54	5.86	11.75	13.17	14.30	14.50	15.17	15.56	4.81	7.20	7.89	10.57	12.91	14.78	16.33	16.61	17.56	18.12	18.50
16	I_k	5.97	8.74	11.88	14.03	15.70	17.22	18.11	18.57	18.86	19.08	19.28	9.15	12.83	15.57	17.85	20.03	21.38	22.08	22.53	22.88	23.18	23.36
	I_d	2.26	3.62	5.46	5.99	8.11	10.02	11.61	12.96	13.21	14.06	14.57	3.67	5.60	6.18	8.54	10.79	12.77	14.54	14.88	16.05	16.78	17.27
20	I_k	4.89	7.31	10.27	12.47	14.31	16.10	17.21	17.79	18.16	18.45	18.70	7.56	10.91	13.58	15.98	18.46	20.07	20.94	21.51	21.96	22.34	22.57
	I_d	1.82	2.94	4.49	4.95	6.85	8.68	10.30	11.78	12.06	13.06	13.68	2.97	4.58	5.07	7.13	9.21	11.16	13.02	13.39	14.72	15.57	16.15
25	I_k	3.98	6.04	8.72	10.87	12.81	14.81	16.14	16.86	17.33	17.70	18.02	6.20	9.14	11.64	14.04	16.70	18.58	19.62	20.32	20.87	21.36	21.64
	I_d	1.47	2.38	3.66	4.05	5.71	7.39	8.98	10.52	10.83	11.95	12.66	2.39	3.72	4.13	5.89	7.75	9.59	11.46	11.85	13.29	14.24	14.92
30	I_k	3.35	5.14	7.55	9.59	11.53	13.66	15.15	15.98	16.54	16.98	17.37	5.24	7.84	10.14	12.46	15.19	17.22	18.40	19.21	19.87	20.44	20.78
	I_d	1.22	1.99	3.09	3.43	4.89	6.42	7.94	9.48	9.80	10.98	11.77	2.01	3.13	3.48	5.01	6.67	8.38	10.20	10.59	12.07	13.09	13.83
35	I_k	2.89	4.47	6.65	8.55	10.45	12.64	14.25	15.17	15.80	16.31	16.76	4.54	6.85	8.97	11.17	13.88	16.01	17.29	18.19	18.93	19.58	19.87
	I_d	1.05	1.72	2.67	2.97	4.27	5.66	7.09	8.60	8.92	10.13	10.97	1.72	2.70	3.00	4.36	5.85	7.43	9.17	9.55	11.04	12.09	12.88
40	I_k	2.54	3.95	5.93	7.71	9.53	11.73	13.42	14.41	15.11	15.68	16.18	4.00	6.08	8.02	10.12	12.75	14.93	16.27	17.25	18.06	18.78	19.22

线路长度/m	变压器		1000kVA $u_k\%=6$ YJV 电缆截面/mm²											1250kVA $u_k\%=6$ YJV 电缆截面/mm²										
	电流代号	10	16	25	35	50	70	95	120	150	185	240	16	25	35	50	70	95	120	150	185	240	300
40	I_d	0.92	1.51	2.35	2.62	3.78	5.06	6.40	7.85	8.17	9.40	10.26	1.51	2.37	2.64	3.85	5.20	6.66	8.31	8.68	10.15	11.22	12.03
	I_k	2.05	3.20	4.86	6.41	8.08	10.21	11.97	13.06	13.85	14.52	15.12	3.23	4.96	6.61	8.45	10.93	13.11	14.52	15.59	16.50	17.34	17.85
50	I_d	0.74	1.21	1.90	2.11	3.08	4.16	5.34	6.68	6.98	8.18	9.07	1.21	1.91	2.13	3.12	4.25	5.51	6.99	7.33	8.72	9.79	10.62
	I_k	1.71	2.69	4.11	5.48	6.99	9.01	10.77	11.90	12.76	13.50	14.17	2.71	4.18	5.61	7.25	9.53	11.64	13.06	14.18	15.16	16.08	16.65
60	I_d	0.62	1.01	1.59	1.77	2.59	3.53	4.57	5.9	6.08	7.22	8.10	1.01	1.60	1.78	2.62	3.59	4.69	6.02	6.33	7.63	8.66	9.48
	I_k	1.47	2.31	3.56	4.78	6.15	8.04	9.76	10.91	11.80	12.59	13.32	2.33	3.61	4.87	6.34	8.43	10.45	11.85	12.98	14.00	14.98	15.59
70	I_d	0.53	0.87	1.37	1.53	2.24	3.06	4.00	5.11	5.37	6.46	7.31	0.87	1.37	1.53	2.26	3.11	4.08	5.28	5.56	6.77	7.75	8.56
	I_k	1.29	2.03	3.14	4.23	5.48	7.25	8.91	10.05	10.97	11.78	12.55	2.04	3.18	4.30	5.63	7.56	9.46	10.82	11.95	12.99	14.01	14.65
80	I_d	0.46	0.76	1.20	1.34	1.97	2.71	3.55	4.57	4.81	5.83	6.66	0.76	1.20	1.34	1.99	2.74	3.61	4.70	4.96	6.08	7.01	7.79
	I_k	1.15	1.81	2.81	3.80	4.94	6.59	8.19	9.31	10.23	11.06	11.87	1.82	2.84	3.85	5.06	6.84	8.64	9.95	11.06	12.11	13.15	13.81
90	I_d	0.41	0.68	1.07	1.19	1.76	2.42	3.19	4.13	4.35	5.32	6.11	0.68	1.07	1.20	1.77	2.45	3.24	4.23	4.47	5.52	6.40	7.15
	I_k	1.03	1.63	2.54	3.44	4.50	6.04	7.57	8.67	9.58	10.42	11.25	1.64	2.56	3.49	4.59	6.24	7.94	9.21	10.29	11.33	12.38	13.05
100	I_d	0.37	0.61	0.96	1.08	1.59	2.19	2.89	3.76	3.97	4.88	5.64	0.61	0.97	1.08	1.60	2.21	2.93	3.84	4.07	5.05	5.88	6.60

线路长度/m	电流代号	1600kVA $u_k\%=6$ YJV电缆截面/mm²											2000kVA $u_k\%=6$ YJV电缆截面/mm²										
		16	25	35	50	70	95	120	150	185	240	300	16	25	35	50	70	95	120	150	185	240	300
12	I_k	12.08	16.77	20.14	22.86	25.40	26.91	27.68	28.18	28.55	28.87	29.07	12.50	17.85	22.00	25.60	29.17	31.41	32.60	33.35	33.94	34.44	34.73
	I_d	4.89	7.43	8.18	11.22	14.01	16.39	18.44	18.82	20.12	20.90	21.42	4.94	7.57	8.37	11.66	14.86	17.73	20.35	20.85	22.60	23.68	24.40
16	I_k	9.47	13.65	16.98	19.94	22.96	24.92	25.96	26.63	27.16	27.60	27.87	9.69	14.27	18.14	21.81	25.83	28.60	30.13	31.14	31.93	32.61	33.02
	I_d	3.72	5.73	6.34	8.92	11.49	13.87	16.12	16.56	18.12	19.10	19.77	3.74	5.81	6.44	9.17	11.99	14.74	17.46	18.02	20.03	21.34	22.24
20	I_k	7.76	11.44	14.56	17.54	20.82	23.09	24.35	25.19	25.85	26.41	26.75	7.90	11.83	15.33	18.86	23.01	26.11	27.88	29.11	30.09	30.93	31.43
	I_d	3.00	4.66	5.17	7.37	9.68	11.95	14.23	14.69	16.41	17.53	18.30	3.01	4.70	5.23	7.53	10.00	12.54	15.21	15.77	17.90	19.34	20.37
25	I_k	6.32	9.48	12.29	15.15	18.52	21.05	22.51	23.52	24.33	25.03	25.45	6.40	9.72	12.79	16.04	20.13	23.42	25.40	26.82	27.99	29.02	29.63
	I_d	2.41	3.77	4.19	6.05	8.06	10.14	12.34	12.82	14.61	15.83	16.71	2.42	3.79	4.22	6.14	8.26	10.53	13.03	13.58	15.72	17.25	18.38
30	I_k	5.32	8.07	10.60	13.27	16.61	19.27	20.87	22.01	22.94	23.76	24.25	5.38	8.23	10.94	13.91	17.81	21.15	23.25	24.81	26.12	27.29	28.00
	I_d	2.02	3.16	3.52	5.12	6.89	8.78	10.87	11.33	13.12	14.40	15.35	2.02	3.18	3.54	5.18	7.02	9.05	11.36	11.89	13.98	15.53	16.71
35	I_k	4.60	7.02	9.30	11.78	15.01	17.71	19.40	20.64	21.67	22.60	23.15	4.63	7.13	9.54	12.25	15.94	19.23	21.38	23.03	24.44	25.74	26.52
	I_d	1.73	2.72	3.03	4.43	6.00	7.72	9.68	10.13	11.89	13.18	14.16	1.74	2.74	3.05	4.48	6.10	7.92	10.06	10.55	12.57	14.10	15.29
40	I_k	4.04	6.21	8.28	10.58	13.66	16.36	18.10	19.40	20.52	21.52	22.13	4.07	6.29	8.46	10.93	14.39	17.60	19.76	21.45	22.94	24.33	25.18

线路长度/m	变压器电流代号	1600kVA $u_k\%=6$ YJV电缆截面/mm²											2000kVA $u_k\%=6$ YJV电缆截面/mm²										
		16	25	35	50	70	95	120	150	185	240	300	16	25	35	50	70	95	120	150	185	240	300
40	I_d	1.52	2.39	2.67	3.91	5.32	6.89	8.72	9.14	10.85	12.14	13.14	1.52	2.40	2.68	3.94	5.39	7.04	9.01	9.48	11.40	12.90	14.09
	I_k	3.26	5.03	6.77	8.76	11.55	14.14	15.89	17.27	18.49	19.63	20.32	3.27	5.08	6.88	8.98	12.03	15.00	17.10	18.82	20.38	21.89	22.83
50	I_d	1.22	1.92	2.14	3.16	4.33	5.66	7.26	7.64	9.22	10.46	11.45	1.22	1.93	2.15	3.18	4.37	5.75	7.45	7.86	9.59	10.99	12.14
	I_k	2.72	4.23	5.72	7.46	9.97	12.41	14.13	15.52	16.79	18.01	18.77	2.74	4.26	5.80	7.61	10.31	13.04	15.03	16.72	18.30	19.86	20.86
60	I_d	1.02	1.61	1.79	2.65	3.64	4.80	6.21	6.55	7.99	9.17	10.13	1.02	1.61	1.80	2.66	3.67	4.86	6.34	6.70	8.26	9.56	10.65
	I_k	2.34	3.65	4.95	6.49	8.76	11.04	12.69	14.07	15.36	16.62	17.42	2.35	3.67	5.00	6.60	9.01	11.51	13.39	15.02	16.58	18.16	19.19
70	I_d	0.87	1.38	1.54	2.28	3.15	4.16	5.42	5.73	7.05	8.15	9.07	0.87	1.38	1.54	2.29	3.17	4.20	5.52	5.84	7.25	8.45	9.48
	I_k	2.05	3.20	4.36	5.74	7.81	9.93	11.50	12.85	14.13	15.41	16.24	2.06	3.22	4.40	5.82	7.99	10.30	12.06	13.61	15.14	16.71	17.75
80	I_d	0.76	1.21	1.35	2.00	2.77	3.67	4.81	5.09	6.30	7.33	8.21	0.76	1.21	1.35	2.01	2.78	3.70	4.88	5.17	6.46	7.57	8.54
	I_k	1.83	2.86	3.90	5.15	7.04	9.02	10.51	11.81	13.08	14.36	15.20	1.83	2.87	3.93	5.21	7.18	9.31	10.96	12.44	13.92	15.47	16.51
90	I_d	0.68	1.08	1.20	1.78	2.47	3.28	4.32	4.57	5.69	6.66	7.49	0.68	1.08	1.20	1.79	2.48	3.31	4.37	4.64	5.82	6.85	7.76
	I_k	1.65	2.58	3.52	4.66	6.40	8.25	9.67	10.93	12.16	13.44	14.29	1.65	2.59	3.54	4.71	6.52	8.49	10.04	11.45	12.88	14.40	15.43
100	I_d	0.61	0.97	1.08	1.61	2.23	2.97	3.92	4.15	5.19	6.10	6.89	0.61	0.97	1.08	1.61	2.24	2.99	3.96	4.21	5.29	6.26	7.11

线路长度/m	变压器电流代号	2500kVA $u_k\%=6$ YJV 电缆截面/mm²											2500kVA $u_k\%=8$ YJV 电缆截面/mm²										
		16	25	35	50	70	95	120	150	185	240	300	16	25	35	50	70	95	120	150	185	240	300
12	I_k	12.82	18.71	23.56	28.01	32.71	35.84	37.52	38.62	39.47	40.19	40.62	12.50	17.77	21.78	25.17	28.44	30.44	31.47	32.11	32.60	33.01	33.25
	I_d	4.98	7.70	8.52	12.04	15.58	18.19	22.08	22.71	24.94	26.34	27.28	4.95	7.59	8.39	11.67	14.81	17.59	20.07	20.54	22.15	23.12	23.76
16	I_k	9.86	14.75	19.07	23.38	28.40	32.08	34.17	35.60	36.73	37.70	38.27	9.71	14.25	18.04	21.57	25.34	27.87	29.23	30.11	30.80	31.37	31.70
	I_d	3.76	5.87	6.52	9.37	12.41	15.48	18.65	19.31	21.77	23.41	24.57	3.75	5.82	6.46	9.18	11.98	14.68	17.31	17.83	19.72	20.92	21.74
20	I_k	8.00	12.13	15.93	19.93	24.91	28.86	31.22	32.89	34.25	35.44	36.14	7.91	11.83	15.28	18.72	22.68	25.55	27.17	28.26	29.11	29.84	30.27
	I_d	3.03	4.74	5.28	7.66	10.27	13.04	16.05	16.71	19.23	20.99	22.27	3.02	4.71	5.24	7.54	10.01	12.51	15.11	15.66	17.68	19.03	19.98
25	I_k	6.46	9.90	13.15	16.75	21.47	25.50	28.05	29.92	31.50	32.91	33.75	6.41	9.72	12.77	15.97	19.92	23.02	24.86	26.15	27.19	28.09	28.62
	I_d	2.43	3.82	4.25	6.22	8.43	10.85	13.61	14.23	16.70	18.52	19.88	2.42	3.80	4.23	6.15	8.27	10.52	12.98	13.52	15.58	17.03	18.08
30	I_k	5.42	8.35	11.19	14.40	18.80	22.76	25.37	27.37	29.10	30.68	31.63	5.38	8.24	10.94	13.87	17.68	20.86	22.83	24.27	25.45	26.50	27.11
	I_d	2.03	3.19	3.56	5.23	7.14	9.27	11.78	12.36	14.72	16.52	17.92	2.03	3.18	3.55	5.19	7.03	9.05	11.34	11.85	13.89	15.37	16.48
35	I_k	4.66	7.22	9.73	12.61	16.58	20.50	23.11	25.17	26.99	28.69	29.74	4.64	7.14	9.55	12.23	15.85	19.02	21.06	22.59	23.88	25.05	25.74
	I_d	1.74	2.75	3.06	4.51	6.19	8.09	10.37	10.91	13.14	14.89	16.29	1.74	2.74	3.06	4.48	6.11	7.93	10.05	10.53	12.50	13.98	15.12
40	I_k	4.09	6.35	8.59	11.21	14.38	18.62	21.18	23.26	25.14	26.93	28.04	4.08	6.30	8.46	10.92	14.33	17.44	19.50	21.09	22.47	23.73	24.49

线路长度/m	变压器 电流代号	2500kVA $u_k\%=6$ YJV 电缆截面/mm²											2500kVA $u_k\%=8$ YJV 电缆截面/mm²										
		16	25	35	50	70	95	120	150	185	240	300	16	25	35	50	70	95	120	150	185	240	300
40	I_d	1.52	2.41	2.69	3.97	5.46	7.17	9.26	9.76	11.86	13.54	14.91	1.52	2.40	2.68	3.95	5.40	7.05	9.01	9.46	11.35	12.80	13.95
	I_k	3.29	5.12	6.96	9.15	12.40	15.70	18.11	20.14	22.05	23.93	25.13	3.28	5.09	6.89	8.98	12.00	14.91	16.93	18.57	20.04	21.43	22.28
50	I_d	1.22	1.93	2.16	3.19	4.41	5.83	7.61	8.04	9.90	11.44	12.73	1.22	1.93	2.15	3.18	4.38	5.76	7.45	7.85	9.56	10.93	12.05
	I_k	2.74	4.29	5.85	7.73	10.57	13.53	15.77	17.72	19.60	21.50	22.74	2.74	4.27	5.80	7.61	10.29	12.98	14.92	16.54	18.04	19.50	20.42
60	I_d	1.02	1.61	1.80	2.67	3.70	4.91	6.45	6.83	8.48	9.89	11.10	1.02	1.61	1.80	2.66	3.68	4.86	6.34	6.70	8.24	9.52	10.59
	I_k	2.36	3.69	5.04	6.68	9.20	11.88	13.95	15.79	17.61	19.50	20.75	2.35	3.67	5.01	6.60	9.00	11.47	13.31	14.88	16.38	17.87	18.83
70	I_d	0.87	1.38	1.55	2.30	3.19	4.24	5.60	5.93	7.41	8.70	9.83	0.87	1.38	1.54	2.29	3.17	4.21	5.52	5.84	7.24	8.43	9.44
	I_k	2.06	3.24	4.43	5.88	8.14	10.58	12.50	14.24	15.98	17.83	19.07	2.06	3.23	4.41	5.83	7.99	10.27	12.00	13.51	14.98	16.48	17.45
80	I_d	0.77	1.21	1.35	2.01	2.80	3.73	4.94	5.24	6.58	7.77	8.81	0.76	1.21	1.35	2.01	2.79	3.71	4.88	5.17	6.45	7.55	8.50
	I_k	1.84	2.88	3.95	5.26	7.29	9.53	11.31	12.95	14.62	16.41	17.64	1.83	2.87	3.93	5.21	7.18	9.29	10.91	12.36	13.79	15.28	16.26
90	I_d	0.68	1.08	1.21	1.79	2.49	3.33	4.42	4.69	5.92	7.01	7.98	0.68	1.08	1.20	1.79	2.48	3.31	4.38	4.64	5.81	6.84	7.73
	I_k	1.65	2.59	3.56	4.75	6.61	8.67	10.33	11.87	13.46	15.20	16.40	1.65	2.59	3.55	4.71	6.52	8.47	10.01	11.39	12.77	14.23	15.21
100	I_d	0.61	0.97	1.09	1.62	2.25	3.01	4.00	4.25	5.37	6.39	7.30	0.61	0.97	1.08	1.61	2.24	2.99	3.96	4.21	5.29	6.25	7.09

| 线路长度/m | 电流代号 | 1600kVA $u_k\%=8$ YJV 电缆截面/mm² | | | | | | | | | | | 2000kVA $u_k\%=8$ YJV 电缆截面/mm² | | | | | | | | | | |
		16	25	35	50	70	95	120	150	185	240	300	16	25	35	50	70	95	120	150	185	240	300
12	I_k	11.50	15.35	17.83	19.65	21.21	22.08	22.52	22.79	22.99	23.16	23.26	12.08	16.69	19.95	22.51	24.85	26.21	26.89	27.32	27.64	27.91	28.07
	I_d	4.83	7.24	7.93	10.61	12.91	14.70	16.14	16.40	17.25	17.74	18.06	4.90	7.44	8.19	11.20	13.94	16.23	18.17	18.53	19.73	20.45	20.91
16	I_k	9.17	12.92	15.47	17.63	19.64	20.84	21.45	21.83	22.12	22.37	22.51	9.48	13.63	16.88	19.73	22.58	24.37	25.31	25.91	26.36	26.75	26.97
	I_d	3.69	5.64	6.22	8.59	10.82	12.75	14.44	14.75	15.84	16.49	16.92	3.72	5.74	6.35	8.92	11.46	13.79	15.95	16.37	17.84	18.75	19.36
20	I_k	7.59	10.92	13.54	15.85	18.17	19.64	20.41	20.91	21.29	21.61	21.79	7.77	11.44	14.52	17.41	20.54	22.66	23.81	24.57	25.15	25.65	25.94
	I_d	2.98	4.60	5.09	7.17	9.25	11.17	12.97	13.33	14.57	15.35	15.87	3.00	4.66	5.17	7.38	9.67	11.90	14.12	14.57	16.20	17.25	17.97
25	I_k	6.22	9.16	11.64	13.97	16.51	18.25	19.19	19.81	20.30	20.71	20.94	6.33	9.48	12.28	15.08	18.34	20.73	22.09	23.01	23.74	24.37	24.73
	I_d	2.40	3.74	4.15	5.93	7.78	9.62	11.45	11.83	13.20	14.09	14.70	2.41	3.77	4.19	6.05	8.06	10.11	12.28	12.74	14.46	15.63	16.46
30	I_k	5.26	7.86	10.15	12.43	15.06	16.97	18.06	18.79	19.37	19.86	20.15	5.33	8.08	10.60	13.24	16.49	19.03	20.53	21.59	22.44	23.18	23.61
	I_d	2.01	3.14	3.49	5.04	6.70	8.41	10.21	10.59	12.02	12.98	13.67	2.02	3.17	3.52	5.12	6.89	8.76	10.82	11.27	13.02	14.25	15.14
35	I_k	4.55	6.87	8.98	11.16	13.80	15.82	17.01	17.83	18.49	19.07	19.40	4.60	7.03	9.31	11.77	14.93	17.53	19.13	20.29	21.24	22.08	22.58
	I_d	1.73	2.71	3.02	4.38	5.37	7.46	9.18	9.56	11.00	12.02	12.75	1.73	2.73	3.04	4.44	6.01	7.72	9.66	10.09	11.81	13.06	14.00
40	I_k	4.01	6.10	8.04	10.10	12.70	14.79	16.05	16.95	17.68	18.32	18.70	4.05	6.21	8.28	10.57	13.61	16.22	17.88	19.11	20.15	21.07	21.62

线路长度/m	变压器电流代号	1600kVA $u_k\%=8$ YJV 电缆截面/mm²											2000kVA $u_k\%=8$ YJV 电缆截面/mm²										
		16	25	35	50	70	95	120	150	185	240	300	16	25	35	50	70	95	120	150	185	240	300
40	I_d	1.52	2.38	2.65	3.87	5.22	6.69	8.33	8.70	10.13	11.17	11.93	1.52	2.39	2.67	3.91	5.32	6.89	8.70	9.12	10.79	12.05	13.00
	I_k	3.24	4.97	6.63	8.46	10.91	13.02	14.37	15.37	16.21	16.97	17.42	3.26	5.04	6.78	8.76	11.52	14.06	15.75	17.07	18.21	19.27	19.91
50	I_d	1.22	1.92	2.14	3.13	4.27	5.53	7.01	7.35	8.72	9.76	10.56	1.22	1.92	2.15	3.16	4.33	5.66	7.25	7.63	9.18	10.40	11.36
	I_k	2.71	4.19	5.63	7.26	9.53	11.59	12.96	14.02	14.94	15.78	16.29	2.73	4.24	5.73	7.47	9.96	12.36	14.03	15.37	16.58	17.72	18.42
60	I_d	1.02	1.60	1.79	2.63	3.61	4.71	6.04	6.35	7.64	8.64	9.44	1.02	1.61	1.79	2.65	3.65	4.80	6.21	6.54	7.97	9.12	10.06
	I_k	2.33	3.62	4.89	6.35	8.44	10.41	11.78	12.86	13.83	14.73	15.29	2.34	3.65	4.96	6.50	8.76	11.01	12.62	13.96	15.19	16.38	17.13
70	I_d	0.87	1.38	1.54	2.27	3.12	4.10	5.29	5.58	6.78	7.75	8.53	0.87	1.38	1.54	2.28	3.15	4.16	5.42	5.72	7.03	8.12	9.02
	I_k	2.05	3.18	4.32	5.64	7.56	9.44	10.77	11.86	12.85	13.80	14.39	2.06	3.21	4.37	5.75	7.81	9.91	11.45	12.76	14.00	15.22	16.00
80	I_d	0.76	1.21	1.35	1.99	2.75	3.62	4.71	4.97	6.09	7.01	7.77	0.76	1.21	1.35	2.00	2.77	3.67	4.81	5.08	6.29	7.31	8.17
	I_k	1.82	2.84	3.86	5.07	6.84	8.63	9.92	10.99	11.99	12.97	13.59	1.83	2.86	3.90	5.15	7.04	9.00	10.47	11.75	12.97	14.20	15.00
90	I_d	0.68	1.07	1.20	1.78	2.45	3.25	4.24	4.48	5.53	6.40	7.13	0.68	1.08	1.20	1.78	2.47	3.28	4.32	4.57	5.69	6.64	7.46
	I_k	1.64	2.57	3.49	4.60	6.25	7.94	9.18	10.24	11.24	12.23	12.86	1.65	2.58	3.53	4.60	6.40	8.24	9.64	10.87	12.07	13.30	14.11
100	I_d	0.61	0.97	1.08	1.60	2.22	2.94	3.86	4.08	5.06	5.89	6.59	0.61	0.97	1.08	1.61	2.23	2.97	3.92	4.15	5.19	6.08	6.87

注 I_k——稳态短路电流有效值；I_d——单相短路电流。

2.2.52 变压器低压出口处短路电流速查表

表 2 - 52   变压器低压出口处短路电流速查表

变压器容量 /kVA	代 号	变压器短路阻抗电压（$u_{kr}\%$）				
		4	4.5	6	7	8
250	I_k	9.00	8.00	—	—	—
	i_p	22.95	20.40	—	—	—
315	I_k	11.34	10.08	—	—	—
	i_p	28.92	25.70	—	—	—
400	I_k	14.40	12.80	—	—	—
	i_p	36.72	32.64	—	—	—
500	I_k	18.00	16.00	—	—	—
	i_p	45.90	40.80	—	—	—
630	I_k	22.68	20.16	15.12	—	—
	i_p	57.83	51.41	38.56	—	—
800	I_k	—	—	19.20	16.48	14.40
	i_p	—	—	48.96	42.02	36.72
1000	I_k	—	—	24.00	20.60	18.00
	i_p	—	—	61.20	52.53	45.90
1250	I_k	—	—	30.00	25.75	22.50
	i_p	—	—	76.50	65.66	57.38
1600	I_k	—	—	38.40	32.96	28.80
	i_p	—	—	97.92	84.05	73.44
2000	I_k	—	—	48.00	41.20	36.00
	i_p	—	—	122.40	105.06	91.80
2500	I_k	—	—	60.00	51.50	45.00
	i_p	—	—	153.00	131.33	114.75

注　1. 本表以上级系统容量无穷大为计算条件。
　　2. I_k——稳态短路电流有效值；
　　　　i_p——短路电流峰值。

2.2.53 低压封闭式铜母线短路电流选择表

表 2-53　低压封闭式铜母线短路电流（A）选择表

线路长度/m	电流代号	500kVA $u_k\%=4$ 母线额定电流/A					630kVA $u_k\%=4$ 母线额定电流/A					630kVA $u_k\%=6$ 母线额定电流/A				
		250	400	630	800	1000	400	630	800	1000	1250	400	630	800	1000	1250
12	I_k	15.37	15.49	15.57	15.68	15.83	19.11	19.2	19.41	19.63	19.83	13.55	13.62	13.69	13.79	13.87
12	I_d	13.54	13.80	13.96	14.19	14.49	16.76	16.99	17.33	17.80	18.21	12.24	12.37	12.53	12.74	12.93
14	I_k	15.21	15.35	15.44	15.57	15.74	18.90	19.05	19.24	19.50	19.73	13.45	13.53	13.61	13.73	13.83
14	I_d	13.21	13.52	13.69	13.95	14.31	16.34	16.59	16.99	17.52	17.99	12.03	12.18	12.36	12.61	12.83
16	I_k	15.05	15.21	15.31	15.46	15.65	18.69	18.85	19.07	19.37	19.62	13.35	13.44	13.54	13.67	13.78
16	I_d	12.90	13.24	13.43	13.73	14.13	15.94	16.20	16.65	17.25	17.78	11.83	11.99	12.20	12.48	12.73
18	I_k	14.89	15.07	15.19	15.35	15.56	18.48	18.66	18.91	19.23	19.52	13.25	13.35	13.46	13.61	13.74
18	I_d	12.59	12.98	13.18	13.50	13.95	15.55	15.83	16.31	16.98	17.57	11.63	11.81	12.94	12.36	12.63
20	I_k	14.73	14.93	15.06	15.24	15.48	18.27	18.47	18.74	19.10	19.42	13.16	13.26	13.39	13.55	13.69
20	I_d	12.29	12.72	12.93	13.29	13.77	15.17	15.47	15.99	16.71	17.36	11.44	11.62	11.88	12.23	12.54
25	I_k	14.35	14.60	14.75	14.97	15.26	17.77	17.99	18.33	18.78	19.17	12.92	13.04	13.20	13.40	13.58
25	I_d	11.60	12.11	12.34	12.76	13.34	14.29	14.61	15.22	16.07	16.85	10.97	11.18	11.49	11.92	12.29

线路长度/m	变压器 电流代号	500kVA $u_k\%=4$ 母线额定电流/A					630kVA $u_k\%=4$ 母线额定电流/A					630kVA $u_k\%=6$ 母线额定电流/A				
		250	400	630	800	1000	400	630	800	1000	1250	400	630	800	1000	1250
30	I_k	13.97	14.27	14.44	14.70	15.05	17.29	17.54	17.93	18.46	18.92	12.68	12.83	13.01	13.25	13.46
	I_d	10.95	11.54	11.78	12.26	12.93	13.49	13.82	14.50	15.47	16.35	10.53	10.75	11.12	11.61	12.05
35	I_k	13.61	13.96	14.14	14.44	14.84	16.82	17.09	17.54	18.14	18.68	12.45	12.61	12.82	13.11	13.35
	I_d	10.37	11.01	11.26	11.79	12.53	12.77	13.09	13.83	14.89	15.88	10.12	10.35	10.76	11.32	11.82
40	I_k	13.26	13.65	13.85	14.19	14.64	16.38	16.66	17.16	17.83	18.43	12.22	12.40	12.64	12.96	13.24
	I_d	9.83	10.52	10.78	11.34	12.15	12.10	12.42	13.21	14.35	15.43	9.72	9.96	10.41	11.03	11.59
45	I_k	12.92	13.36	13.57	13.94	14.44	15.95	16.25	16.79	17.53	18.19	12.00	12.19	12.46	12.81	13.13
	I_d	9.33	10.07	10.32	10.92	11.79	11.50	11.81	12.63	13.83	14.99	9.35	9.60	10.08	10.75	11.36
50	I_k	12.59	13.07	13.29	13.70	14.24	15.53	15.84	16.43	17.24	17.96	11.79	11.99	12.28	12.67	13.02
	I_d	8.88	9.65	9.90	10.53	11.44	10.94	11.25	12.09	13.34	14.57	9.01	9.25	9.76	10.48	11.14
60	I_k	11.97	12.52	12.76	13.22	13.85	14.75	15.08	15.74	16.66	17.50	11.37	11.59	11.93	12.39	12.80
	I_d	8.09	8.90	9.14	9.81	10.79	9.97	10.25	11.13	12.45	13.79	8.37	8.61	9.17	9.96	10.72
70	I_k	11.40	12.01	12.26	12.77	13.48	14.04	14.37	15.10	16.11	17.06	10.97	11.20	11.59	12.11	12.58
	I_d	7.41	8.24	8.47	9.16	10.20	9.14	9.41	10.29	11.66	13.07	7.81	8.04	8.63	9.49	10.32

线路长度/m	变压器电流代号	800kVA $u_k\%=6$ 母线额定电流/A					1000kVA $u_k\%=6$ 母线额定电流/A					1250kVA $u_k\%=6$ 母线额定电流/A				
		400	630	800	1000	1250	630	800	1000	1250	1600	800	1000	1250	1600	2000
12	I_k	16.81	16.91	17.03	17.18	17.32	20.60	20.78	21.00	21.20	21.35	25.38	25.72	26.02	26.75	26.42
	I_d	14.98	15.17	15.42	15.75	16.04	18.21	18.57	19.06	19.49	19.82	22.34	23.07	23.1	24.20	24.56
16	I_k	16.51	16.64	16.79	17.00	17.17	20.19	29.42	20.73	20.99	21.19	24.85	25.31	25.71	26.00	26.23
	I_d	14.36	14.60	14.92	15.35	15.73	17.37	17.84	18.48	19.04	19.46	21.26	22.20	23.03	23.67	24.15
20	I_k	16.21	16.37	16.56	16.81	17.03	19.79	20.07	20.45	20.78	21.03	24.33	24.89	25.39	25.76	26.04
	I_d	13.78	14.04	14.43	14.96	15.43	16.56	17.13	17.90	18.59	19.12	20.23	21.35	22.37	23.15	23.74
25	I_k	15.84	16.03	16.27	16.58	16.86	19.29	19.64	20.11	20.52	20.82	23.69	24.38	25.00	25.46	25.80
	I_d	13.09	13.38	13.85	14.49	15.05	15.62	16.29	17.21	18.05	18.69	19.03	20.35	21.57	22.51	23.24
30	I_k	15.49	15.70	15.98	16.35	16.68	18.80	19.22	19.77	20.26	29.62	23.05	23.88	24.61	25.15	25.57
	I_d	12.45	12.75	13.29	14.03	14.69	14.75	15.50	16.55	17.52	18.26	17.93	19.41	20.79	21.88	22.74
35	I_k	15.14	15.37	15.70	16.13	16.51	18.32	18.80	19.44	20.00	20.42	22.44	23.38	24.22	24.85	25.33
	I_d	11.86	12.17	12.76	13.59	14.34	13.95	14.76	15.92	17.00	17.85	16.92	18.52	20.05	21.28	22.25
40	I_k	14.80	15.05	15.42	15.91	16.34	17.85	18.39	19.11	19.74	20.22	21.84	22.90	23.84	24.56	25.10

线路长度/m	电流代号	800kVA $u_k\%=6$ 母线额定电流/A					1000kVA $u_k\%=6$ 母线额定电流/A					1250kVA $u_k\%=6$ 母线额定电流/A				
		400	630	800	1000	1250	630	800	1000	1250	1600	800	1000	1250	1600	2000
40	I_d	11.31	11.62	12.26	13.16	13.99	13.21	14.07	15.32	16.51	17.45	15.99	17.69	19.35	20.69	21.77
	I_k	14.15	14.43	14.87	15.47	15.99	16.96	17.60	18.46	19.24	19.83	20.70	21.95	23.09	23.97	24.64
50	I_d	10.33	10.64	11.34	12.36	13.33	11.91	12.84	14.22	15.57	16.67	14.37	16.20	18.03	19.58	20.85
	I_k	13.54	13.84	14.35	15.04	15.66	16.12	16.85	17.84	18.75	19.44	19.64	21.06	22.37	23.39	24.18
60	I_d	9.48	9.77	10.52	11.63	12.71	10.82	11.78	13.24	14.71	15.94	13.02	14.89	16.85	18.55	19.97
	I_k	12.96	13.27	13.84	14.62	15.33	15.34	16.14	17.25	18.27	19.06	18.65	20.21	21.67	22.83	23.73
70	I_d	8.75	9.03	9.80	10.97	12.13	9.89	10.85	12.36	13.91	15.25	11.87	13.76	15.79	17.59	19.14
	I_k	12.43	12.74	13.36	14.22	15.01	14.61	15.47	16.67	17.80	18.68	17.73	19.40	21.00	22.28	23.29
80	I_d	8.12	8.37	9.15	10.36	11.59	9.09	10.05	11.57	13.18	14.60	10.90	12.77	14.83	16.71	18.36
	I_k	11.92	12.24	12.91	13.83	14.69	13.93	14.84	16.13	17.35	18.32	16.88	18.64	20.35	21.75	22.85
90	I_d	7.56	7.80	8.58	9.81	11.08	8.41	9.35	10.87	12.51	13.99	10.07	11.90	13.97	15.89	17.62
	I_k	11.45	11.77	12.47	13.46	14.39	13.31	14.25	15.61	16.91	17.96	16.10	17.93	19.73	21.23	22.43
100	I_d	7.07	7.30	8.07	9.30	10.61	7.82	8.73	10.24	11.90	13.42	9.34	11.14	13.19	15.14	16.93

线路长度/m	变压器 电流代号	1600kVA $u_k\%=6$ 母线额定电流/A					2000kVA $u_k\%=6$ 母线额定电流/A						2500kVA $u_k\%=6$ 母线额定电流/A					
		800	1250	1600	2000	2500	800	1250	1600	2000	2500	3000	800	1250	1600	2000	2500	3000
12	I_k	30.80	31.75	32.09	32.34	32.49	37.23	38.66	39.16	39.54	39.77	39.93	44.07	46.12	46.84	47.37	47.71	47.94
	I_d	26.62	28.63	29.34	29.89	30.23	31.42	34.38	35.44	36.25	36.76	37.10	36.27	40.41	41.91	43.06	43.79	44.29
16	I_k	30.02	31.28	31.72	32.06	32.26	36.07	37.96	38.62	39.12	39.43	39.64	42.41	45.11	46.05	46.77	47.21	47.52
	I_d	25.06	27.63	28.56	29.28	29.73	29.19	32.91	34.28	35.34	36.01	36.47	33.24	38.34	40.27	41.76	42.72	43.37
20	I_k	29.25	30.81	31.36	31.78	32.03	34.93	37.25	38.08	38.70	39.08	39.35	40.81	44.10	45.28	46.17	46.72	47.10
	I_d	23.60	26.67	27.80	28.67	29.23	27.16	31.50	33.15	34.44	35.26	35.83	30.56	36.40	38.68	40.49	41.66	42.47
25	I_k	28.31	30.23	30.91	31.43	31.75	33.54	36.39	37.40	38.17	38.65	38.98	38.88	42.87	44.32	45.41	46.10	46.58
	I_d	21.94	25.51	26.87	27.93	28.61	24.90	29.84	31.79	33.34	34.35	35.05	27.66	34.13	36.79	38.95	40.36	41.35
30	I_k	27.39	29.66	30.49	31.08	31.46	32.22	35.54	36.74	37.65	38.22	38.62	37.06	41.67	43.37	44.67	45.49	46.06
	I_d	20.44	24.40	25.96	27.20	28.01	22.93	28.29	30.49	32.28	33.45	34.27	25.19	32.07	35.02	37.47	39.10	40.26
35	I_k	26.51	29.09	30.02	30.73	31.18	30.96	34.70	36.08	37.13	37.80	38.26	35.35	40.50	42.44	43.93	44.88	45.54
	I_d	19.10	23.36	25.10	26.49	27.41	21.21	26.85	29.26	31.25	32.58	33.51	23.07	30.18	33.36	36.05	37.88	39.19
40	I_k	25.65	28.54	29.59	30.39	30.89	29.76	33.89	35.43	36.62	37.37	37.90	33.74	39.37	41.52	43.20	44.27	45.02

线路长度/m	变压器 电流代号	1600kVA $u_k\%=6$ 母线额定电流/A					2000kVA $u_k\%=6$ 母线额定电流/A						2500kVA $u_k\%=6$ 母线额定电流/A					
		800	1250	1600	2000	2500	800	1250	1600	2000	2500	3000	800	1250	1600	2000	2500	3000
40	I_d	17.90	22.38	24.27	25.80	26.82	19.69	25.52	28.10	30.26	31.73	32.77	21.26	28.46	31.81	34.70	36.70	38.15
	I_k	24.05	27.45	28.73	29.71	30.33	27.54	32.32	34.16	35.61	36.53	37.18	30.84	37.21	39.75	41.77	43.08	44.00
50	I_d	15.85	20.60	22.71	24.48	25.69	17.18	23.15	25.96	28.40	30.10	31.33	18.32	25.48	29.03	32.20	34.48	36.16
	I_k	22.58	26.41	27.89	29.04	29.77	25.57	30.84	32.95	34.62	35.70	36.47	28.32	35.20	38.07	40.38	41.91	42.99
60	I_d	14.18	19.03	21.29	23.25	24.61	15.20	21.13	24.07	26.69	28.57	29.97	16.05	23.00	26.62	29.97	32.44	34.30
	I_k	21.25	25.42	27.07	28.38	29.22	23.81	29.44	31.78	33.66	34.89	35.77	26.13	33.35	36.47	39.04	40.77	42.00
70	I_d	12.81	17.65	20.01	22.10	23.59	13.61	19.40	22.39	25.14	27.16	28.68	14.27	20.93	24.53	27.97	30.57	32.57
	I_k	20.03	24.47	26.29	27.73	28.68	22.25	28.14	30.66	32.72	34.10	35.08	24.21	31.64	34.97	37.76	39.66	41.03
80	I_d	11.67	16.43	18.84	21.03	22.62	12.31	17.91	20.90	23.72	25.84	27.46	12.83	19.17	22.72	26.18	28.86	30.97
	I_k	18.93	23.58	25.53	27.10	28.15	20.85	26.92	29.60	31.82	33.32	34.40	22.54	30.96	33.55	36.53	38.58	40.08
90	I_d	10.70	15.36	17.79	20.04	21.71	11.23	16.61	19.57	22.43	24.62	26.32	11.65	17.67	21.12	24.58	27.31	29.48
	I_k	17.92	22.73	24.80	26.49	27.62	19.60	25.78	28.58	30.95	32.56	33.74	21.06	28.61	32.22	35.35	37.54	39.16
100	I_d	9.88	14.40	16.83	19.13	20.86	10.32	15.48	18.39	21.25	23.49	25.25	10.67	16.37	19.74	23.15	25.89	28.11

线路长度/m	电流代号	1600kVA $u_k\%=8$ 母线额定电流/A					2000kVA $u_k\%=8$ 母线额定电流/A						2500kVA $u_k\%=8$ 母线额定电流/A					
		800	1250	1600	2000	2500	800	1250	1600	2000	2500	3000	800	1250	1600	2000	2500	3000
12	I_k	24.37	24.93	25.13	25.27	25.36	29.70	30.55	30.84	31.06	31.20	31.30	35.55	36.79	37.23	37.55	37.75	37.89
12	I_d	21.59	22.81	23.24	23.56	23.76	25.83	27.65	28.29	28.78	29.09	29.29	30.28	32.91	33.84	34.56	35.00	35.30
16	I_k	23.91	24.65	24.91	25.11	25.23	29.00	30.12	30.52	30.82	31.00	31.12	34.53	36.18	36.75	37.19	37.45	37.64
16	I_d	20.62	22.21	22.77	23.20	23.46	24.39	26.75	27.59	28.24	28.64	28.91	28.26	31.61	32.82	33.76	34.35	34.75
20	I_k	23.44	24.37	24.70	24.94	25.09	28.30	29.69	30.20	30.57	30.79	30.95	33.52	35.56	36.28	36.82	37.16	37.39
20	I_d	19.68	21.61	22.31	22.84	23.17	23.04	25.87	26.90	27.69	28.19	28.53	26.40	30.35	31.82	32.97	33.69	34.19
25	I_k	22.87	24.03	24.43	24.74	24.93	27.44	29.18	29.79	30.25	30.54	30.74	32.28	34.80	35.69	36.37	36.78	37.07
25	I_d	18.58	20.89	21.74	22.39	22.80	21.49	24.80	26.05	27.02	27.64	28.06	24.31	28.84	30.61	31.99	32.89	33.50
30	I_k	22.31	23.34	23.90	24.33	24.59	26.60	28.66	29.39	29.94	30.29	30.52	31.09	34.05	35.11	35.91	36.41	36.76
30	I_d	17.55	20.19	21.18	21.95	22.44	20.08	23.78	25.22	26.36	27.09	27.59	22.46	27.43	29.44	31.04	32.09	32.82
35	I_k	21.75	23.17	23.77	24.22	24.50	25.79	28.15	28.99	29.63	30.03	30.31	29.95	33.31	34.53	35.46	36.04	36.44
35	I_d	16.61	19.51	20.63	21.51	22.07	18.80	22.82	24.42	25.71	26.55	27.13	20.83	26.11	28.32	30.12	31.31	32.15
40	I_k	21.21	23.00	23.64	24.12	24.42	25.00	27.64	28.60	29.32	29.78	30.09	28.85	32.58	33.95	35.01	35.67	36.13

线路长度/m	电流代号	1600kVA $u_k\%=8$ 母线额定电流/A					2000kVA $u_k\%=8$ 母线额定电流/A						2500kVA $u_k\%=8$ 母线额定电流/A					
		800	1250	1600	2000	2500	800	1250	1600	2000	2500	3000	800	1250	1600	2000	2500	3000
40	I_d	15.73	18.86	20.10	21.08	21.71	17.65	21.90	23.65	25.08	26.01	26.67	19.39	24.88	27.25	29.23	30.55	31.49
	I_k	20.17	22.33	23.12	23.71	24.09	23.51	26.65	27.81	28.71	29.27	29.66	26.82	31.17	32.83	34.11	34.93	35.50
50	I_d	14.19	17.65	19.08	20.24	21.01	15.68	20.22	22.20	23.86	24.97	25.76	16.98	22.66	25.28	27.53	29.08	30.20
	I_k	19.18	21.68	22.60	23.31	23.75	22.13	25.70	27.05	28.10	28.77	29.23	24.98	29.83	31.74	33.24	34.20	34.88
60	I_d	12.88	16.54	18.12	19.44	20.33	14.06	18.73	20.87	22.71	23.98	24.89	15.06	20.75	23.52	25.96	27.70	28.96
	I_k	18.26	21.04	22.09	22.91	23.42	20.87	24.78	26.30	27.50	28.27	28.81	23.33	28.56	30.68	32.38	33.48	34.26
70	I_d	11.78	15.53	17.23	18.67	19.66	12.72	17.40	19.66	21.63	23.03	24.05	13.51	19.10	21.94	24.52	26.39	27.79
	I_k	17.40	20.43	21.60	22.51	23.09	19.71	23.90	25.58	26.91	27.78	28.39	21.85	27.36	29.67	31.54	32.77	33.65
80	I_d	10.83	14.62	16.40	17.95	19.03	11.60	16.23	18.55	20.63	22.13	23.23	12.23	17.66	20.53	23.19	25.17	26.67
	I_k	16.60	19.84	21.11	22.12	22.77	18.66	23.06	24.88	26.33	27.29	27.97	20.52	26.23	28.70	30.72	32.08	33.04
90	I_d	10.01	13.79	15.63	17.26	18.42	10.65	15.19	17.54	19.69	21.27	22.46	11.17	16.41	19.26	21.98	24.04	25.62
	I_k	15.86	19.27	20.64	21.73	22.44	17.69	22.26	24.20	25.77	26.81	27.55	19.33	25.17	27.77	29.93	31.40	32.45
100	I_d	9.30	13.04	14.92	16.61	17.83	9.84	14.27	16.62	18.82	20.46	21.72	10.27	15.31	18.13	20.87	22.98	24.63

注　同表 2 - 51。

3

电气设备常用计算公式

3.1 公式速查

3.1.1 熔断器熔丝电流的选择计算

可按以下关系选择通过熔断器电路的负荷电流 I_{sj}：

$$I_{sj} \leqslant I_{Ej} \leqslant I_{Gj}$$

$$I_{Ej} \leqslant I_{sjmax}/a$$

式中　I_{Ej}——熔断器熔丝的额定电流（A）；

　　　I_{Gj}——熔断器的额定电流（A）；

　　　I_{sjmax}——电路中出现起动电流时的最大负荷电流（A）；

　　　a——系数，对正常情况下起动的笼型感应电动机的电路，a 可以取 2.5；

　　　　　对频率起动的笼型感应电动机，a 可以在 1.6～2 范围内选取。

3.1.2 照明用空气断路器的整定电流计算

照明用空气断路器的整定电流计算公式如下：

$$I_{act \cdot 1 \cdot 1} \geqslant K I_{ce}$$

式中　K——计算系数，对高压汞灯取 1.1，其余均取 1；

　　　I_{ce}——照明回路计算电流（A）；

　　　$I_{act \cdot 1 \cdot 1}$——长延时电流脱扣器的额定电流（A）。

3.1.3 热继电器型号规格的选择与计算

按额定电流选择热继电器的型号规格时，可按以下公式确定：

$$I_{Re} = (0.95 \sim 1.05) I_{de}$$

式中　I_{Re}——热继电器的额定电流（A）；

　　　I_{dc}——电动机的额定电流（A）。

3.1.4 热继电器元件编号和额定电流的选择与计算

按所需要的整定电流选择热继电器元件的编号和额定电流时，对于电动机保护，可按电动机额定电流值在所选的热继电器元件的电流调节范围内来确定其编号，即整定电流要留有一定的上、下调整范围。

对于无温度补偿的热继电器，如环境温度不是生产厂家规定的 +35℃ 时，应按以下公式校正电流值：

$$I_t = I_{35}(95 - t/60)$$

式中　I_t——环境温度为 t℃ 时的电流（A）；

　　　I_{35}——热继电器在 35℃ 时的额定电流（A）；

　　　t——环境温度（℃）。

3.1.5　热继电器返回时间的选择与计算

热继电器返回时间的确定，可根据电动机的起动时间，按大于或等于 3s、5s、8s 返回时间，选取 6 倍额定电流下的具有相应可返回时间的热继电器。

一般热继电器在 6 倍额定电流下的可返回时间与动作时间有如下的关系：

$$t_1 = (0.5 \sim 0.7)t_a$$

式中　t_1——热继电器在 6 倍额定电流下的可返回时间（s）；

t_a——热继电器在 6 倍额定电流下的动作时间（s）。

3.1.6　流过接触器主触点的电流的计算

接触器的额定电流应不小于被控回路的额定电流。对于电动机负载可按下式进行计算。

$$I_c = \frac{P_N \times 10^3}{K U_N}$$

式中　I_c——流过接触器主触点的电流（A）；

P_N——电动机的额定功率（kW）；

U_N——电动机的额定电压（V）；

K——经验系数，一般取 1.0～1.4。

3.2　数据速查

3.2.1　照明用空气断路器的动作特性

表 3-1　　　　　　　　　　照明用空气断路器的动作特性

$\dfrac{I}{I_{act \cdot 1 \cdot 1}}\left(\dfrac{线路电流}{脱扣器整定电流}\right)$	动　作　时　间
1.0	不动作
1.3	<1h
2.0	<4min
6.0	瞬时动作

3.2.2　各种电压等级断路器的机械荷载允许值速查

表 3-2　　　　　　　各种电压等级断路器的机械荷载（N）允许值速查

电压等级/kV	断路器				隔离开关水平拉力			负荷开关水平拉力
	额定电流 A	纵水平拉力	横水平拉力	垂直力	双柱	三柱	单柱	
10 及以下	—	500	250	300	250	250	—	250

电压等级/kV	断路器				隔离开关水平拉力			负荷开关水平拉力
	额定电流 A	纵水平拉力	横水平拉力	垂直力	双柱	三柱	单柱	
35～63	≤1250	750	400	500	500	500	—	500
	＞1600	750	500	750	—	—	—	—
110	≤2000	1000	750	750	750	750	1000	750
	≤2500	1250	750	1000	—	—	—	—
220～300	3150	1500	1000	1250	1000	1000	1500	1000
500	—	2000	700	500	—	—	—	—
300	—	—	—	—	1500	1250	2000	—

3.2.3 常用高压少油断路器技术参数速查

表 3 - 3   常用高压少油断路器技术参数速查

型　号	额定电压/kV	额定电流/A	额定开断电流/kA	配用机构
SN10 - 12 系列	12	630	16	CT8
SN10 - 12 系列	12	1000	31.5	
SN10 - 12 系列	12	1250	40	
SN10 - 12 系列	12	2000	40	CD10
SN10 - 12 系列	12	3000	40	

3.2.4 常用交流高压多油断路器技术参数速查

表 3 - 4   常用交流高压多油断路器技术参数速查

型号	额定电压/kV	额定电流系列/A	额定开断电流系列/kA	配用机构
DN1 - 12	12	600	5.8	CD2 - 40
DW4 - 12	12	50, 100, 200, 400	3.15	手动
DW5 - 12	12	50, 100, 21, 0	3.15	手动
DW7 - 12	12	30, 50, 75, 100,	1.73, 1.8	本身机构手动
DW10 - 12	12	200, 400	1.8, 2.9, 3.15	本身机构手动
DW11 - 12	12	50, 100, 200, 400	25	CDl5 - X
DW15 - 12	12	800	6.3	—
DWZ1 - 12 交流高压多油自动转换开关	12	50, 100, 200, 400	5, 70, 15, 90, 25	—

3.2.5 高压真空断路器、真空接触器技术数据

表 3 - 5 高压真空断路器、真空接触器技术数据

型号	额定电压/kV	额定电流/A	断流容量/MVA	额定断流量/kA	极限通过电流(峰值)/kA	热稳定电流(4s)/kA	固有分闸时间/s	合闸时间/s	重量/kg
QW1 - 10	10	200	50	2.9	7.4	2.9	0.12		
ZN2 - 10	10	600	200	11.6	30	11.6	0.05	0.2	75
ZN3 - 10	10	600	100	8.7	20	8.7	0.05	0.15	75
CZG - 150/6	6	150	15	—	—	—	0.036	0.1	2（不可逆）
ZN6 - 10	6	300	30	—	17.5	5	0.05	0.15	75（可逆）

3.2.6 直流电磁操纵机构技术数据

表 3 - 6 直流电磁操纵机构技术数据

型号	线圈动作电流/A						配用断路器型号
	合闸线圈			合闸线圈			
	110V	220V	24V	48V	110V	220V	
CD2	195	97.5	24	12	5	2.5	DN1 - 12（G），DN1 - 35，GD
CD3 - X	184	92	24	12	5	2.5	DW2 - 35
CD3 - XG	286	143	24	12	5	2.5	SW2 - 35 I
	340	170	24	12	5	2.5	SW2 - 35 II
CD10 I	196	99	37	18.5	5	2.5	SN10 - 12 I
CD10 II	240	120	37	18.5	5	2.5	SN10 - 12 II，SN10 - 35
CD10 III	294	147	38	18.5	5	2.5	SN10 - 12 III
CD11 - X	163	81.5	18	9	5	2.5	DW8 - 35
CD14 - I	195	97.5	16	8	3.2	1.6	SN10 - 12 I
CD14 - II	240	121	16	8	3.2	1.6	SN10 - 12 II

3.2.7 GN 系列高压户内隔离开关技术数据

表 3 - 7 GN 系列高压户内隔离开关技术数据

型号	额定电压/kV	额定电流/A	极限通过电流/kA		5s 热稳定电流/A	操作机构型号	不带机构重量/(kg/组)
			峰值	有效值			
GN1 - 6/200	6	200	25	—	10	—	27
GN1 - 6/400	6	400	50	—	14	—	27

型号	额定电压 /kV	额定电流 /A	极限通过电流/kA		5s 热稳定 电流/A	操作机构型号	不带机构重 量/(kg/组)
			峰值	有效值			
GN1－6/600	6	600	60	－	20	－	27
GN1－10/200	10	200	25	－	10	－	30
GN1－10/400	10	400	50	－	14	－	30
GN1－10/600	10	600	60	－	20	－	30
GN1－10/1000	10	1000	80	47	26（10S）	CS6－2	20.5
GN1－10/2000	10	2000	85	50	36（10S）	CS6－2	25
GN1－20/400	20	400	52	30	14	－	31
GN1－35/400	35	400	52	30	14	－	39.1
GN1－35/600	35	600	52	30	20	－	40.7
GN2－10/2000	10	2000	85	50	36（10S）	CS6－2	80
GN2－10/3000	10	3000	100	60	50（10S）	CS7	91
GN2－20/400	20	400	50	30	10（10S）	CS6－2	80
GN2－35/400	35	400	50	30	10（10S）	CS6－2	83
GN2－35/600	35	600	50	30	14（10S）	CS6－2	84
GN2－35T/400	35	400	52	30	14	CS6－2T	100
GN2－35T/600	35	600	64	37	25	CS6－2T	101
GN2－35T/1000	35	1000	70	49	27.5	CS6－2T	
GN6－6T/200 GN8－6T/200	6	200	25.5	14.7	10	CS6－1T	23/－
GN6－6T/400 GN8－6T/400	6	400	52	30	14	CS6－1T	24/－
GN6－6T/600 GN8－6T/600	6	600	52	30	20	CS6－1T	24.6/－
GN6－10T/200 GN8－10T/200	10	200	25.5	14.7	10	CS6－1T	25.5/－
GN6－10T/400 GN8－10T/400	10	400	52	30	14	CS6－1T	26.5/－
GN6－10T/600 GN8－10T/600	10	600	52	30	20	CS6－1T	27/－
GN6－10T/1000 GN8－10T/1000	10	1000	75	43	30	CS6－1T	50/－
GN10－20T/8000	20	8000	250	145	80	CJ2	534
GN10－10T/3000	10	3000	160	90	75	CS9 或 CJ2	43

型号	额定电压/kV	额定电流/A	极限通过电流/kA 峰值	有效值	5s 热稳定电流/A	操作机构型号	不带机构重量/(kg/组)
GN10-10T/4000	10	4000	160	90	80	CS9 或 CJ2	52
GN10-10T/5000	10	5000	200	110	100	CJ2	124
GN10-10T/6000	10	6000	200	110	105	CJ2	144

注 1. GN2 型的操作机构 IU 装在隔离开关的左边或右边。安装时可分后连接与前连接两种。安装场所采用架于支柱、墙壁、天花板横梁或金属架上。其安装位置可以立装、斜装或卧装。

2. GN8 和 GN6 在结构上基本相同，只是 GN8 将支持绝缘改为绝缘套管。GN8 根据每极绝缘套管的数量及方位不同有三种形式：Ⅱ型为一个套管，装在闸刀支座一侧；Ⅲ型为一个套管，装在静触头侧；Ⅳ型为两个套管，安装场所与方式同上。

3.2.8 GW 系列高压户外隔离开关技术数据

表 3-8 　　　　GW 系列高压户外隔离开关技术数据

型号	额定电压/kV	额定电流/A	极限通过电流/kA 峰值	有效值	5s 热稳定电流/kA	操作机构型号	不带机构重量/(kg/组)	结构特点和使用说明
GW1-6/200	6	200	15	9	7	CS8-1	36	本开关是单极型，三极使用时中间用管轴连接成一组
GW1-6/400	6	400	25	15	14	CS8-1	36	
GW1-10/200	10	200	15	9	7	CS8-1	60	
GW1-10/400	10	400	25	15	14	CS8-1	60	
GW1-10/600	10	600	35	21	20	CS8-1	63	
GW4-10/200	10	200	15	—	5	CS-11	28.5	双柱式隔离开关系单极型，三级使用时，极间用水煤气管连起来水平旋转分、合闸
GW4-10/400	10	400	25	—	10	CS-11	29.4	
GW1-10/600	10	600	50	—	14	CS-11	30	
GW4-35/600	35	600	50	—	14	CS-11	195	
GW4-35D/600	35	600	50	—	14	CS8-6D	195	
GW4-35/1000	35	1000	80	—	21.5	CS-11	204	
GW4-35/1000	35	1000	80	—	21.5	CS8-6D	204	
GW5-35G/600-1000	35	600	50	29	14	CS-D	276	"V"字形结构，三相隔离开关由三个单极组成。中间通过钢管连接两闸刀同时在与瓷瓶轴线垂直的平面内转动，完成合、分闸动作
GW5-35GD/600-1000	35	1000	50	29	14	CS-D	276	
GW5-35GK/600-1000	35	600	50	29	14	CS1-XG(分闸时间<0.25s)	276	
GW7-10/400	10	1000	25	—	14	操作棒操作	15	—
GW8-35/400	35	600	—	—	—	CS8-5		

3.2.9 高压负荷开关的技术数据

表 3 – 9 高压负荷开关的技术数据

型号	额定电压/kV	额定电流/A	额定开断电流/kA	配用机构
FN1 – 12 型（户内）	12	200	0.4	CS3
FN2 – 12 型（户内）	12	400	8.4	CS4 – T
	12	400	1.2	CS4 – T，CD10
	12	400	1.6	CD1O
FN3 – 12 型（户内）	12	400	0.85	CS2
	12	400	1.45	CS3
	12	400	1.5	CS4 – T
FW1 – 12 型（户外）	12	400	0.8	CS8 – 5
FW2 – 12 型（户外）	12	200，400	1.5	手力操作

3.2.10 高压开关柜的分类及特点

表 3 – 10 高压开关柜的分类及特点

开关柜类别		结构型式	型号	断路器安装位置	特　点
半封闭式高压开关柜		固定式（户内型）	GG – 1A	固定式	高压开关柜中距地面 2.5m 以下的各组件安装在接地金属外壳内，2.5m 以上的母线或隔离开关无金属外壳封闭。主开关固定安装，结构简单，安全性能差，占用空间大，但检修方便，成本低，价格便宜，目前很少使用
金属封闭式高压开关柜	金属铠装式高压开关柜	金属铠装式移开式（户内型）	KYN/AMS/GZS	下置式	全金属封闭型结构，柜内以接地金属隔板分割成继电器室、手车室、母线室及电缆室，可将故障电弧限制在产生的隔室内，电弧触及金属板即被引入地内。柜内装有各种连锁装置，能达到"五防"要求，安全性好，断路器更换方便，价格较贵
				中置式	
		金属铠装式固定式（户内型）	KGN	固定式	全金属封闭型结构，柜内以接地金属隔板分割成继电器室、母线室、电缆室、断路器室、操动机构室及压力释放通道，可将故障电弧限制在产生的隔室内，电弧触及金属板即被引入地内。柜内装有各种连锁装置，能达到"五防"要求。断路器更换不方便，价格较贵

开关柜类别		结构型式	型号	断路器安装位置	特 点
金属封闭式高压开关柜	间隔式高压开关柜	间隔移开式（户内型）	JYN	下置式	全金属封闭型结构，柜内以绝缘板或金属隔板分割成继电器室、手车室、母线室及电缆室，故障电弧可能烧穿绝缘板进入其他隔室内扩大事故。柜内装有各种连锁装置，能达到"五防"要求，断路器更换方便，价格较贵
	箱式高压开关柜	箱式固定式（户内型）	XGN	固定式	全金属封闭型结构，柜内隔室数量少，隔板的防护等级低，或无隔板，安全性较差。柜内装有各种连锁装置，能达到"五防"要求，断路器更换不方便，价格便宜
		箱式环网式（户内型）	HXGN	固定式	全金属封闭型结构，柜内隔室数量少，隔板的防护等级低，或无隔板，安全性较差。柜内装有各种连锁装置，能达到"五防"要求，断路器更换不方便，价格便宜
高压电缆分接箱		—	—	—	按分支数分三分支、四分支、五分支、六分支等。按进出线分单端型、双端型。按主干和分支分为带开关型和不带开关型

注 本表所列开关柜型号均为国内定型产品。

3.2.11 高压电器最高工作电压及在不同环境温度下的允许最大电流

表 3-11　　高压电器最高工作电压及在不同环境温度下的允许最大电流

项目	最高工作电压	最大工作电流	
		当 $\theta < \theta_n$	当 $\theta_n < \theta < 65℃$
支持绝缘子	1.5U_n	—	—
穿墙套管		环境温度每降低 1℃，可增加 0.5%I_n，但最大不得超过 20%I_n	环境温度每增高 1℃，应减少 1.8%I_n
隔离开关			
断路器			
电流互感器	1.1U_n		
限流电抗器			
负荷开关	1.15U_n	I_n	
熔断器			—
电压互感器	1.1U_n	—	—

注 U_n——电器额定电压（kV）；

　　I_n——电器额定电流（A）；

　　θ——实际环境温度（℃）；

　　θ_n——额定环境温度，普通型和湿热带型为＋40℃，干热带型为＋45℃。

3.2.12 选择导体和电器的环境温度

表 3 – 12   选择导体和电器的环境温度

类别	安装场所	环境温度/℃	
		最高	最低
裸导体	室内	该处通风设计温度，当无资料时，可取最热月平均最高温度加5℃	—
电缆	室外电缆沟（无覆土）	最热月平均最高温度	年最低温度
	室内电缆沟	室内通风设计温度，当无资料时，可取最热月平均最高温度加5℃	—
	电缆隧道	该处通风设计温度，当无资料时，可取最热月平均最高温度	—
	土中直埋	最热月平均地温	—
电器	室内电抗器	该处通风设计最高排风温度	—
	室内其他	该处通风设计温度，当无资料时，可取最热月平均最高温度加5℃	—

注　1. 年最高（或最低）温度为一年中所测量的最高（或最低）温度的多年平均值。

　　2. 最热月平均最高温度为最热月每日最高温度的月平均值；取多年平均值。

3.2.13 低压电气设备的分类与用途

表 3 – 13   低压电气设备的分类与用途

分类名称		主要品种	用途	标准号[①]
配电电器	断路器	万能式断路器 塑料外壳式断路器 限流式断路器 直流快速断路器 灭磁断路器 漏电保护断路器	用作交、直流线路的过载、短路或欠电压保护，也可用于不频繁通断操作电路。灭磁断路器用于发电机励磁电路保护。漏电保护断路器用于人身触电保护	GB/T 14048.2—2008
	熔断器	有填料封闭管式熔断器 保护半导体器件熔断器 无填料密闭管式熔断器 自复熔断器	用作交、直流线路和设备的短路和过载保护	GB 13539.1　2008 GB/T 13539.2—2008 GB 13539.3—2008
	刀开关	熔断器式刀开关 大电流刀开关 负荷开关	用作电路隔离，也能接通与分断电路额定电流	GB/T 14048.3—2008
	转换开关	组合开关 换向开关	主要作为两种及以上电源或负载的转换和通断电路用	GB/T 14048.3—2008
控制电器	接触器	交流接触器 直流接触器 真空接触器 半导体接触器	用作远距离频繁地起动或控制交、直流电动机以及接通分断正常工作的主电路和控制电路	GB/T 14048.4—2010

分类名称		主要品种	用途	标准号
控制电器	控制继电器	电流继电器 电压继电器 时间继电器 中间继电器 热过载继电器 温度继电器	在控制系统中，作控制其他电路或作主电路的保护之用	GB/T 14048.5—2008
控制电器	起动器	电磁起动器 手动起动器 农用起动器 自耦减压起动器	用作交流电动机的起动或正反向控制	GB/T 14048.4—2010
	变阻器	励磁变阻器 起动变阻器 频敏变阻器	用作发电机调压以及电动机的平滑起动和调速	—
	电磁铁	起重电磁铁 牵引电磁铁 制动电磁铁	用于起重操纵或牵引机械装置	—

注 通用标准有:《低压开关设备和控制设备 第 1 部分: 总则》(GB/T 14048.1—2006);《电工术语 低压电器》(GB/T 2900.18—2008)。

3.2.14 220/380V 单相及三相线路埋地、沿墙敷设穿管电线的漏电电流

表 3-14 220/380V 单相及三相线路埋地、沿墙敷设穿管电线的漏电电流 (mA/km)

绝缘材料	聚氯乙烯	橡 胶	聚乙烯
4	52	27	17
6	52	32	20
10	56	39	25
16	62	40	26
25	70	45	29
35	70	49	33
50	79	49	33
70	89	55	33
95	99	55	33
120	109	60	38
150	112	60	38
185	116	60	38
240	127	61	39

（第一列为"穿管电线截面面积/mm²"）

3.2.15 电动机的漏电电流

表 3 – 15 电动机的漏电电流 （mA）

运行方式		正常运行	起 动
电动机的额定功率/kW	1.5	0.15	0.58
	2.2	0.18	0.79
	5.5	0.29	1.57
	7.5	0.38	2.05
	11	0.50	2.39
	15	0.57	2.63
	18.5	0.65	3.03
	22	0.72	3.48
	30	0.87	4.58
	37	1.00	5.57
	45	1.09	6.60
	55	1.22	7.99
	75	1.48	10.54

3.2.16 双绕组变压器常用的联结组别

表 3 – 16 双绕组变压器常用的联结组别

连接组	结构图	特性及应用
三相 Yyn0		绕组导线填充系数大，机械强度高，绝缘用量少，可以实现三相四线制供电，常用于小容量三相三柱式铁心的配电变压器上，但有三次谐波磁通（数量上不是很大）将在金属结构件中引起涡流损耗
三相 Yzn11		在二次或一次绕组遭受冲击过电压时，同一心柱上的两个半绕组的磁动势互相抵消，一次绕组不会感应过电压或逆变过电压，适用于防雷性能高的配电变压器，但二次绕组需增加 15.5% 的材料用量
三相 Yd11		二次绕组采用三角形连接，三次谐波电流可以循环流动，消除了三次谐波电压。中性点不引出，常用于中性点非有效接地的大、中型变压器上
三相 YNd11		特性同上，中性点引出，一次绕组中性点是稳定的，用于中性点有效接地的大型高压变压器上

3.2.17 各类变压器性能比较

表 3 – 17 各类变压器性能比较

类别	矿油变压器	硅油变压器	六氟化硫变压器	干式变压器	环氧树脂浇铸变压器
价格	低	中	高	高	较高
安装面积	中	中	中	大	小
体积	中	中	中	大	小
爆炸性	有可能	可能性小	不爆	不爆	不爆
燃烧性	可燃	难燃	不燃	难燃	难燃
噪音	低	低	低	高	低
耐湿性	良好	良好	良好	弱（无电压时）	优
耐尘性	良好	良好	良好	弱	良好
损失	大	大	稍小	大	小
绝缘等级	A	A 或 H	E	B 或 H	B 或 F
重量	重	较重	中	重	轻

3.2.18 电力线路熔体选择计算系数

表 3 – 18 电力线路熔体选择计算系数 K_c

熔断器型号	熔体材料	熔体额定电流/A	轻载启动 $t \leqslant 3s$	重载启动 $t \leqslant 8s$	频繁启动及 $t \geqslant 10 \sim 20s$
RT0	铜	$\leqslant 50$	0.33	0.45	0.50
		$63 \sim 20$	0.28	0.30	0.33
		>200	0.25	0.30	0.33
RT10	铜	$\leqslant 20$	0.45	0.60	0.66
		$25 \sim 50$	0.38	0.45	0.50
		$63 \sim 100$	0.28	0.30	0.33
RM7	铜	$\leqslant 63$	0.38	0.45	0.50
		$80 \sim 350$	0.45	0.50	0.55
		$\geqslant 400$	0.30	0.40	0.45
RM10	锌	$\leqslant 63$	0.38	0.45	0.50
		$80 \sim 200$	0.30	0.38	0.42
		>200	0.28	0.30	0.33

注 保护用电设备的熔断器，熔体电流 $I_r \geqslant K_c I_{jf}$，I_{jf} 为尖峰电流。

3.2.19 照明线路熔体选择计算系数

表 3-19　　　　　　　　　照明线路熔体选择计算系数 K'_c

熔断器型号	熔体额定电流/A	白炽灯、荧光灯、卤钨灯	高压汞灯	高压钠灯、金属卤化物灯
RL7	≤63	1.0	1.1~1.5	1.2
RL6、NT100	≤63	1.0	1.3~1.7	1.5

注　保护照明线路的熔断器，熔体电流 $I_r \geq K'_c I_{js}$，I_{js} 为尖峰电流。

3.2.20 常用熔断器的额定电流与熔体电流的关系

表 3-20　　　　　　　　常用熔断器的额定电流与熔体电流的关系

（熔断器的额定电流/A）

熔体额定电流/A	NT						RT12				RT14			RT15				RL6				RL7			gF、aM				RT18	
	00	0	1	2	3	4	20	32	63	100	20	32	63	100	200	315	400	25	63	100	200	25	63	100	16	25	40	125	32	63
2											√	√						√				√			√	√	√		√	
4	√										√	√						√				√			√	√	√		√	
6	√	√									√							√				√			√					
10	√	√									√	√	√					√				√			√	√	√		√	√
16	√	√									√							√				√			√	√				
20	√	√					√	√			√	√						√				√				√	√			
25	√	√						√				√						√				√				√				
32	√	√						√	√			√							√				√				√		√	√
36 (35)	√	√											√						√				√							
40	√	√							√				√														√			√
50	√	√							√				√						√				√							√
63	√	√							√	√			√						√				√					√		√
80	√	√	√							√				√						√				√				√		
100	√	√	√							√				√						√				√				√		
125	√	√	√	√											√						√							√		
160	√	√	√	√											√						√									
200			√	√											√						√									
225 (224)			√	√																										
260 (250)			√	√												√														
300				√																										

熔体额定电流/A	熔断器的额定电流/A																													
	NT						RT12				RT14			RT15				RL6				RL7			gF、aM				RT18	
	00	0	1	2	3	4	20	32	63	100	20	32	63	100	200	315	400	25	63	100	200	25	63	100	16	25	40	125	32	63
315				√	√											√														
350				√	√												√													
400				√	√												√													
430					√																									
500					√																									
630					√																									
800						√																								
100						√																								

注　括号内数据适用于 RL6、RL7、RT15、RT18 型熔断器。

3.2.21　低压断路器用途分类

表 3-21　　　　　　　　　　低压断路器用途分类

断路器类型	电流范围/A	保　护　特　性			主要用途
配电用低压断路器	100~400	选择型（B类）	二段保护	瞬时，短延时	电源总开关和靠近变压器近端的支路开关
			三段保护	瞬时，短延时，长延时	
		非选择型（A类）	限流型	瞬时，长延时	变压器近端的支路开关
			一般型		支路末端的开关
电动机保护用断路器	16~630	直接起动	一般型	过电流脱扣器瞬时整定电流（8~15）I_{rt}	保护笼型电动机
			限流型	过电流脱扣器瞬时整定电流 12I_{rt}	用于靠近变压器近端电动机
		间接起动	过电流脱扣器瞬时整定电流（3~8）I_{rt}		保护笼型和绕线转子电动机
照明用微型断路器	6~63	过载长延时，短路瞬时			用于照明线路和信号二次回路
剩余电流保护器	6~400	电磁式	动作电流（mA）分为 6、15、30、50、75、100、300、500，0.1s 分断		接地故障保护
		电子式			

注　I_{rt} 表示过电流脱扣器额定电流，对可调式脱扣器则为长期通过的最大电流 A_0。

3.2.22 国际上常用的低压断路器额定值

表 3-22 国际上常用的低压断路器额定值

额定持续电流/A	额定短路遮断电流/kA	功率因数 $\cos\varphi$	操作次数	
			有维修	无维修
63	10~50	0.5~0.25	20000	8000
100	10~50	0.5~0.25	20000	8000
160	25~100	0.25~0.20	20000	8000
250	25~100	0.25~0.20	20000	5000
400	35~100	0.25~0.20	10000	5000
630	35~100	0.35~0.20	10000	5000
1000	50~100	0.25~0.20	5000	3000
1200	50~100	0.25~0.20	5000	3000
1600	50~100	0.25~0.20	2000	1000
2000	50~100	0.25~0.20	2000	1000
2500	60~100	0.20	2000	1000
3200	70~100	0.20	2000	1000
4000	80~100	0.20	2000	1000
5000	100	0.20	2000	1000
6300	100	0.20	2000	1000

3.2.23 熔断器与断路器选择性配合

表 3-23 熔断器与断路器选择性配合

上级 分断电流/kA 下级		上级熔断器熔体额定电流/A								
		20	25	32	50	63	80	100	125	160
断路器过电流脱扣器整定电流/A	6	0.5	0.8	2.0	3.3	5.5	6.0	6.0	6.0	6.0
	10	0.4	0.7	1.5		3.5	5.0	6.0	6.0	6.0
	16	—	—	1.3	2.0	2.9	4.1	6.0	6.0	6.0
	20	—	—	—	1.8	2.6	3.5	5.0	6.0	6.0
	25	—	—	—	1.8	2.6	3.5	5.0	6.0	6.0
	32	—	—	—	—	2.2	3.0	4.0	6.0	6.0
	40	—	—	—	—	—	2.5	4.0	6.0	6.0
	50	—	—	—	—	—	—	3.5	5.0	6.0
	63	—	—	—	—	—	—	3.5	5.0	6.0

3.2.24 CJ20 系列交流接触器技术参数

表 3 – 24   CJ20 系列交流接触器技术参数

型号	额定电流/A		控制电动机最大功率/kW	寿命/万次 （A3 类负荷）		380V、50Hz、 cosφ0.3～0.4	
	主触头	辅助触头		机械	电器	分断能力	闭合能力
CJ20 – 10	10	5	4	1000	120	$10I_c$	$12I_c$
CJ20 – 25	25	5	10	1000	120	$10I_c$	$12I_c$
CJ20 – 40	40	5	20	1000	120	$10I_c$	$12I_c$
CJ20 – 63	63	6	30	1000	120	$10I_c$	$12I_c$
CJ20 – 160	160	6	85	1000	120	$8I_c$	$10I_c$
CJ20 – 250	250	10	132	300	60	$8I_c$	$10I_c$
CJ20 – 630	630	10	300	300	60	$8I_c$	$10I_c$

注 I_c——流过主触点的电流。

3.2.25 B 系列交流接触器技术参数

表 3 – 25   B 系列交流接触器技术参数

型号	额定绝缘电压最高工作电压/kV	额定发热电流/A	在 AC3、AC4 时额定工作电流/A 控制功率/kW		在 380V 时额定闭合能力/A
			380V	660V	额定分断能力/A
B9		16	$\dfrac{8.5}{4}$	$\dfrac{3.5}{3}$	$\dfrac{105}{85}$
B12		20	$\dfrac{11.5}{5.5}$	$\dfrac{4.9}{4}$	$\dfrac{140}{115}$
B16		25	$\dfrac{15.5}{7.5}$	$\dfrac{6.7}{5.5}$	$\dfrac{190}{155}$
B25		40	$\dfrac{22}{11}$	$\dfrac{13}{11}$	$\dfrac{270}{220}$
B30	￤750 ￤660	45	$\dfrac{30}{15}$	$\dfrac{17.5}{15}$	$\dfrac{340}{300}$
B37		45	$\dfrac{37}{18.5}$	$\dfrac{21}{18.5}$	$\dfrac{445}{370}$
B45		60	$\dfrac{45}{22}$	$\dfrac{25}{22}$	$\dfrac{540}{450}$
B65		80	$\dfrac{65}{33}$	$\dfrac{44}{40}$	$\dfrac{780}{650}$
B85		100	$\dfrac{85}{45}$	$\dfrac{53}{50}$	$\dfrac{1020}{850}$
B105		140	$\dfrac{105}{55}$	$\dfrac{82}{75}$	$\dfrac{1260}{1050}$

型号	额定绝缘电压最高工作电压/kV	额定发热电流/A	在 AC3、AC4 时额定工作电流/A		在 380V 时额定闭合能力/A
			控制功率/kW		
			380V	660V	额定分断能力/A
B170	□750 □660	230	$\dfrac{170}{90}$	$\dfrac{118}{110}$	$\dfrac{2040}{1700}$
B250		300	$\dfrac{250}{132}$	$\dfrac{170}{160}$	$\dfrac{3000}{2500}$
B370		410	$\dfrac{370}{200}$	$\dfrac{268}{250}$	$\dfrac{4450}{3700}$
B460		600	$\dfrac{475}{250}$	$\dfrac{337}{315}$	$\dfrac{5700}{4750}$

3.2.26 OKYM (ABB) 型交流接触器技术参数

表 3-26　　　　　　OKYM (ABB) 型交流接触器技术参数

型号	接线端子	AC3（三相电流）			
	A	I_{max}/A	220/230V/kW	380/400V/kW	500/660V/kW
OKOR	25	9	2.2	4	5.5
OKO	25	12	4	5.5	7.5
OKO1	25	16	5.5	7.5	7.5
OK1	25	25	7.5	11	18.5
OK1.5	50	32	11	15	18.5
OK02	50	38	11	18.5	18.5
OKYM45	75	45	15	22	25
OKYM63	135	63	18.5	30	45
OKYM75	135	80	20	37	55
OKYM90	135	90	22	45	75
OKYM110	200	110	30	55	90
OKYM150	200	140	37	75	110
OKYM175	400	175	50	90	138
OKYM200	400	210	63	110	160
OKYM250	400	250	75	132	200
OKYM315	400	300	90	160	250
OKYM400	600	400	115	200	315
OKYM500	600	460	132	250	375
OKYM630	600	630	180	315	500

3.2.27 JR16 系列热继电器技术参数

表 3 - 27 JR16 系列热继电器技术参数

型号	额定电流/A	热元件编号	热元件额定电流/A	刻度电流调节范围/A
JR16 - 20/3D	20	1	0.35	0.25～0.3～0.35
		2	0.5	0.32～0.4～0.5
		3	0.72	0.45～0.6～0.72
		4	1.1	0.68～0.9～1.1
		5	1.6	1.0～1.3～1.6
		6	2.4	1.5～2～2.4
		7	3.5	4.5～6～7.2
		8	5	3.2～4～5
		9	7.2	2.2～2.8～3.5
		10	11	6.8～9～11
		11	16	10～13～16
		12	22	14～18～22
JR16 - 60/3D	60	13	22	14～18～22
		14	32	22～26～32
		15	45	28～36～45
		16	63	40～50～63
JR16 - 150/3D	150	17	63	40～50～63
		18	85	53～70～85
		19	120	70～100～120
		20	160	100～130～160

3.2.28 JR20 系列热继电器技术参数

表 3 - 28 JR20 系列热继电器技术参数

型号	热元件号	整定电流范围/A
JR20 - 10	1R	0.1～0.13～0.15
	2R	0.15～0.19～0.23
	3R	0.23～0.29～0.35
	4R	0.35～0.44～0.53
	5R	0.53～0.67～0.8
	6R	0.8～1～1.2
	7R	1.2～1.5～1.8

型　　号	热元件号	整定电流范围/A
JR20－10	8R	1.8～2.2～2.6
	9R	2.6～3.2～3.8
	10R	3.2～4～4.8
	11R	4～5～6
	12R	5～6～7
	13R	6～7.2～8.4
	14R	7～8.6～10
	15R	8.6～10～11.6
JR20－16	1S	3.6～4.5～5.4
	2S	5.4～6.7～8
	3S	8～10～12
	4S	10～12～14
	5S	12～14～16
	6S	14～16～18
JR20－25	1T	7.8～9.7～11.6
	2T	11.6～14.3～17
	3T	17～21～25
	4T	21～25～29
JR20－63	1U	16～20～24
	2U	24～30～36
	3U	32～40～47
	4U	40～47～52
	5U	47～55～62
	6U	55～63～71
JR20－160	1W	33～40～47
	2W	47～55～63
	3W	63～74～84
	4W	74～86～98
	5W	85～100～115
	6W	100～115～130
	7W	115～132～150
	8W	130～150～170
	9W	144～160～176

型　　号	热元件号	整定电流范围/A
JR20-205	1X	130～160～195
	2X	167～200～250
JR20-400	1Y	200～250～300
	1Y	267～335～400
JR20-630	1Z	320～400～480
	1Z	420～525～630

3.2.29　T 系列热继电器技术参数

表 3-29　　　　　　　　　　　T 系列热继电器技术参数

型　　号	T16	T25	TSA45	T85
额定电流/A	16	25	45	85
热元件整定电流范围/A	0.11～0.16	0.17～0.25	0.28～0.40	6.0～10
	0.14～0.21	0.22～0.32	0.35～0.52	8.0～14
	0.19～0.29	0.28～0.42	0.45～0.63	12～20
	0.27～0.4	0.37～0.55	0.55～0.83	17～29
	0.35～0.52	0.5～0.7	0.7～1.0	25～40
	0.42～0.63	0.6～0.9	0.86～1.3	35～55
	0.55～0.83	0.7～1.1	1.1～1.6	45～70
	0.70～1.0	1.0～1.5	1.4～2.1	60～100
	0.90～1.3	1.3～1.9	1.8～2.5	—
	1.1～1.5	1.6～2.4	2.2～3.3	—
	1.3～1.8	2.1～3.2	2.8～4.0	—
	1.5～2.1	2.8～4.1	3.5～5.2	—
	1.7～2.4	3.7～5.5	4.5～6.3	—
	2.1～3.0	5.0～7.5	5.5～8.3	—
	2.7～4.0	6.7～10	7～10	—
	3.4～4.5	8.5～13	8.6～13	—
	4.0～6.0	11～14	11～16	—
	5.2～7.5	13～17	14～21	—
	6.3～9.0	15～20	18～27	—
	7.5～11	18～23	25～35	—
	9.0～13	21～27	30～45	—
	12～17.6	26～32	—	—

型　　　号	T16		T25		TSA45		T85	
复位方式	手动				自动和手动		手动或自动	
最大功率/(W/相)	2.1		2.5		2.9		8.2	
电寿命/千次	5							
使用方式	组合	独立	组合	独立	组合	独立	组合	独立
电流/A	64	78	72	78	64	77	97	113
	44	44	44	44	62	62	82	82
	79	90	94	105	87	87	124	124
规范及标准	IEC*							

* IEC——International Electrical Code.

3.2.30　不同调速形式电梯主要技术指标

表 3-30　　　　　　　　不同调速形式电梯主要技术指标

调速形式	定员/人	载重量/kg	运行速度/(m/s)	电功率/kW	建议铜导线截面面积/mm²	熔断器式隔离开关	带隔离功能的断路器
双速调速 AC-2	11	750	1.0	7.5	10	32/32	32/32
	13	900		11	25	100/50	100/50
	15	1000	1.0	11	25	100/50	100/50
	17	1150		15	35	100/63	100/63
	11	750	1.5	7.5	25	100/50	100/50
	13	900		15	35	100/63	100/63
	15	1000		15	35	100/63	100/63
	17	1150		18.5	50	160/100	160/100
	11	750	1.75	7.5	25	100/50	100/50
	13	900		15	35	100/63	100/63
	15	1000		18.5	50	160/100	160/100
晶闸管调速 ACVV	11	750	1.0	7.5	10	32/32	32/32
	13	900		9.5	25	100/50	100/50
	15	1000		9.5	25	100/50	100/50
	17	1150		11	25	100/50	100/50
	11	750	1.5	9.5	25	100/50	100/50
	13	900		13	35	100/63	100/63
	15	1000		13	35	100/63	100/63
	17	1150		15	35	100/63	100/63

调速形式	定员/人	载重量/kg	运行速度/(m/s)	电功率/kW	建议铜导线截面面积/mm²	熔断器式隔离开关	带隔离功能的断路器
晶闸管调速 ACVV	11	750	1.75	11	25	100/40	100/40
	13	900		15	35	100/63	100/63
	15	1000		15	35	100/63	100/63
	17	1150		18.5	50	160/100	160/100
变频变压调速 VVVF	13	900	2.0	18	35	63/63	63/63
	15	1000		18	35	63/63	63/63
	17	1150		20	35	63/63	63/63
	20	1350		22	50	100/80	100/80
	24	1600		27	70	160/100	160/100
	13	900	2.5	22	50	100/80	100/80
	15	1000		22	50	100/80	100/80
	17	1150		24	50	100/80	100/80
	20	1350		27	70	160/100	160/100
	17	1150	3.0	24	50	100/80	100/80
	20	1350		27	70	160/100	160/100
	24	1600		33	70	160/100	160/100
	17	1150	3.5	27	50	100/80	100/80
	20	1350		33	70	160/100	160/100
	24	1600		39	70	160/100	160/100
	17	1150	4.0	33	70	160/100	160/100
	20	1350		39	120	200/160	200/160
	24	1600		43	120	200/160	200/160

注　1. 熔断器隔离开关一栏中，分子、分母分别为熔丝管的额定电流和熔体额定电流，单位为 A。
　　2. 带隔离功能的断路器一栏中，分子、分母分别为脱扣器的额定电流和脱扣器整定电流，单位为 A。

4

建筑照明常用计算公式

4.1 公式速查

4.1.1 体育场馆眩光值的计算

体育场馆的眩光值（GR）应按下列公式进行计算：

$$GR = 27 + 24\lg\left(\frac{L_{vl}}{L_{ve}^{0.9}}\right)$$

$$L_{vl} = 10\sum_{i=1}^{n}\frac{E_{eyei}}{\theta_i^2}$$

$$L_{ve} = 0.035L_{av}$$

$$L_{av} = E_{horav}\frac{\rho}{\pi\Omega_0}$$

式中　L_{vl}——由灯具发出的光直接射向眼睛所产生的光幕亮度（cd/m²）；

　　　L_{ve}——由环境引起直接入射到眼睛的光所产生的光幕亮度（cd/m²）；

　　E_{eyei}——观察者眼睛上的照度，该照度是在视线的垂直面上，由第 i 个光源所产生的照度（lx）；

　　　θ_i——观察者视线与第 i 个光源入射在眼上方所形成的角度（°）；

　　　n——光源总数；

　　　L_{av}——可看到的水平照射场地的平均亮度（cd/m²）；

　E_{horav}——照射场地的平均水平照度（lx）；

　　　ρ——漫反射时区域的反射比；

　　　Ω_0——1 个单位立体角（sr）。

4.1.2 室内照明场所统一眩光值的计算

室内照明场所的统一眩光值（UGR）计算应符合下列规定：

1）当灯具发光部分面积为 $0.005\text{m}^2 < S < 1.5\text{m}^2$ 时，统一眩光值（UGR）应按下式进行计算：

$$UGR = 8\lg\frac{0.25}{L_b}\sum\frac{L_a^2\omega}{P^2}$$

$$L_b = \frac{E_i}{\pi}$$

$$L_a = \frac{I_a}{A\cos\alpha}$$

$$\omega = \frac{A_P}{r^2}$$

式中　L_b——背景亮度（cd/m²）；

　　　ω——每个灯具发光部分对观察者眼睛所形成的立体角〔见图 4 - 1（a）〕（sr）；

　　　L_a——灯具在观察者眼睛方向的亮度（见图 4 - 1b）（cd/m²）；

　　　P——每个单独灯具的位置指数；

　　　E_i——观察者眼睛方向的间接照度（lx）；

　$A\cos\alpha$——灯具在观察者眼睛方向的投影面积（m²）；

　　　α——灯具表面法线与其中心和观察者眼睛连线所夹的角度（°）；

　　　A_P——灯具发光部分在观察者眼睛方向的表观面积（m²）；

　　　r——灯具发光部分中心到观察者眼睛之间的距离（m）。

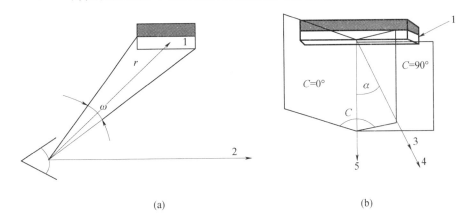

(a)　　　　　　　　　　　　　　　　　　(b)

图 4 - 1　统一眩光值计算参数示意图

（a）灯具与观察者关系示意图；（b）灯具发光中心与观察者眼睛连线方向示意图

1——灯具发光部分；2——观察者眼睛方向；3——灯具发光中心与观察者眼睛连线；

4——观察者；5——灯具发光表面法线

2）对发光部分面积小于 0.005m² 的筒灯等光源，统一眩光值应按下列公式进行计算：

$$UGR = 8\lg \frac{0.25}{L_b} \sum \frac{200 I_a^2}{r^2 \cdot P^2}$$

$$L_b = \frac{E_i}{\pi}$$

式中　L_b——背景亮度（cd/m²）；

　　　I_a——灯具发光中心与观察者眼睛连线方向的灯具发光强度（cd）；

　　　P——每个单独灯具的位置指数，位置指数应按 H/R 和 T/R 坐标系（见图 4 - 2）及表 4 - 1 确定；

　　　E_i——观察者眼睛方向的间接照度（lx）；

　　　r——灯具发光部分中心到观察者眼睛之间的距离（m）。

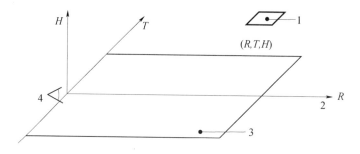

图 4-2 以观察者位置为原点的位置指数坐标系统 （R，T，H）
1——灯具中心；2——视线；3——水平面；4——观测者

4.2 数据速查

4.2.1 位置指数表

表 4-1　　　　　　　　　　　　　　位 置 指 数 表

T/R	H/R																			
	0.00	0.10	0.20	0.30	0.40	0.50	0.60	0.70	0.80	0.90	1.00	1.10	1.20	1.30	1.40	1.50	1.60	1.70	1.80	1.90
0.00	1.00	1.26	1.53	1.90	2.35	2.86	3.50	4.20	5.00	6.00	7.00	8.10	9.25	10.35	11.70	13.15	14.70	16.20	—	—
0.10	1.05	1.22	1.45	1.80	2.20	2.75	3.40	4.10	4.80	5.80	6.80	8.00	9.10	10.30	11.60	13.00	14.60	16.10	—	—
0.20	1.12	1.30	1.50	1.80	2.20	2.66	3.18	3.88	4.60	5.50	6.50	7.60	8.75	9.85	11.20	12.70	14.00	15.70	—	—
0.30	1.22	1.38	1.60	1.87	2.25	2.70	3.25	3.90	4.60	5.45	6.45	7.40	8.40	9.50	10.85	12.10	13.70	15.00	—	—
0.40	1.32	1.47	1.70	1.96	2.35	2.80	3.30	3.90	4.60	5.40	6.40	7.30	8.30	9.40	10.60	11.90	13.20	14.60	16.00	—
0.50	1.43	1.60	1.82	2.10	2.48	2.91	3.40	3.98	4.70	5.50	6.40	7.30	8.30	9.40	10.50	11.75	13.00	14.40	15.70	—
0.60	1.55	1.72	1.98	2.30	2.65	3.10	3.60	4.10	4.80	5.50	6.40	7.35	8.40	9.40	10.50	11.70	13.00	14.10	15.40	—
0.70	1.70	1.88	2.12	2.48	2.87	3.30	3.78	4.30	4.88	5.60	6.50	7.40	8.50	9.50	10.50	11.70	12.85	14.00	15.20	—
0.80	1.82	2.00	2.32	2.70	3.08	3.50	3.92	4.50	5.10	5.75	6.60	7.50	8.60	9.50	10.60	11.75	12.80	14.00	15.10	—
0.90	1.95	2.20	2.54	2.90	3.30	3.70	4.20	4.75	5.30	6.00	6.75	7.70	8.70	9.65	10.75	11.80	12.90	14.00	15.00	16.00
1.00	2.11	2.40	2.75	3.10	3.50	3.91	4.40	5.00	5.60	6.20	7.00	7.90	8.80	9.75	10.80	11.90	12.95	14.00	15.00	16.00
1.10	2.30	2.55	2.92	3.30	3.72	4.20	4.70	5.25	5.80	6.55	7.20	8.15	9.00	9.90	10.95	12.00	13.00	14.00	15.00	16.00
1.20	2.40	2.75	3.12	3.50	3.90	4.35	4.85	5.50	6.05	6.70	7.50	8.30	10.00	11.02	12.10	13.10	14.00	15.00	16.00	
1.30	2.55	2.90	3.30	3.70	4.20	4.65	5.20	5.70	6.30	7.00	7.70	8.55	9.35	10.20	11.20	12.25	13.20	14.00	15.00	16.00
1.40	2.70	3.10	3.50	3.90	4.35	4.85	5.35	5.85	6.50	7.20	8.00	8.70	9.50	10.40	11.40	12.40	13.25	14.05	15.00	16.00
1.50	2.85	3.15	3.65	4.10	4.55	5.00	5.50	6.20	6.80	7.50	8.20	8.85	9.70	10.55	11.50	12.50	13.30	14.05	15.02	16.00

T/R	H/R																			
	0.00	0.10	0.20	0.30	0.40	0.50	0.60	0.70	0.80	0.90	1.00	1.10	1.20	1.30	1.40	1.50	1.60	1.70	1.80	1.90
1.60	2.95	3.40	3.80	4.25	4.75	5.20	5.75	6.30	7.00	7.65	8.40	9.00	9.80	10.80	11.75	12.60	13.40	14.20	15.10	16.00
1.70	3.10	3.55	4.00	4.50	4.90	5.40	5.95	6.50	7.20	7.80	8.50	9.20	10.00	10.85	11.85	12.75	13.45	14.20	15.10	16.00
1.80	3.25	3.70	4.20	4.65	5.10	5.60	6.10	6.75	7.40	8.00	8.65	9.35	10.10	11.00	11.90	12.80	13.50	14.20	15.10	16.00
1.90	3.43	3.86	4.30	4.75	5.20	5.70	6.30	6.90	7.50	8.17	8.80	9.50	11.00	12.00	12.82	13.55	14.20	15.10	16.00	
2.00	3.50	4.00	4.50	4.90	5.35	5.80	6.40	7.10	7.70	8.30	8.90	9.60	10.40	11.10	12.00	12.85	13.60	14.30	15.10	16.00
2.10	3.60	4.17	4.65	5.05	5.50	6.00	6.60	7.20	7.82	8.45	9.00	9.75	10.50	11.20	12.10	12.90	13.70	14.35	15.10	16.00
2.20	3.75	4.25	4.72	5.20	5.60	6.10	6.70	7.35	8.00	8.55	9.15	9.85	10.60	11.30	12.00	12.95	13.70	14.40	15.15	16.00
2.30	3.85	4.35	4.80	5.25	5.70	6.22	6.80	7.40	8.10	8.65	9.30	9.90	10.70	11.40	12.00	12.95	13.70	14.40	15.20	6.00
2.40	3.95	4.40	4.90	5.35	5.80	6.30	6.90	7.50	8.20	8.80	9.40	10.00	10.80	11.50	12.25	13.00	13.75	14.45	15.20	16.00
2.50	4.00	4.50	4.92	5.40	5.85	6.40	6.95	7.55	8.25	8.85	9.40	10.05	10.85	11.50	12.30	13.00	13.80	14.50	15.20	16.00
2.60	4.07	4.55	5.05	5.47	5.95	6.45	7.00	7.65	8.35	8.95	9.55	10.10	10.90	11.60	12.32	13.00	13.80	14.50	15.25	16.00
2.70	4.10	4.60	5.10	5.53	6.00	6.50	7.05	7.70	8.40	9.00	9.60	10.16	10.92	11.63	12.35	13.00	13.80	14.50	15.25	16.00
2.80	4.15	4.62	5.12	5.56	6.07	6.57	7.08	7.73	8.45	9.05	9.65	10.20	10.95	11.65	12.35	13.00	13.80	14.50	15.25	16.00
2.90	4.20	4.65	5.17	5.60	6.07	6.57	7.12	7.75	8.50	9.10	9.70	10.23	10.95	11.65	12.35	13.00	13.80	14.50	15.25	16.00
3.00	4.22	4.67	5.20	5.65	6.12	6.60	7.15	7.80	8.55	9.12	9.70	10.23	10.95	11.65	12.35	13.00	13.80	14.50	15.25	16.00

注 H、R、T——位置指数坐标系统。

4.2.2 直管形荧光灯灯具的效率

表 4 - 2　　　　　　直管形荧光灯灯具的效率（%）

灯具出光口形式	开敞式	保护罩（玻璃或塑料）		格栅
		透明	棱镜	
灯具效率	≥75	≥70	≥55	≥65

4.2.3 紧凑型荧光灯筒灯灯具的效率

表 4 - 3　　　　　　紧凑型荧光灯筒灯灯具的效率（%）

灯具出光口形式	开敞式	保护罩	格栅
灯具效率	≥55	≥50	≥45

4.2.4 小功率金属卤化物灯筒灯灯具的效率

表 4 - 4　　　　　　小功率金属卤化物灯筒灯灯具的效率（%）

灯具出光口形式	开敞式	保护罩	格栅
灯具效率	≥60	≥55	≥50

4.2.5 高强度气体放电灯灯具的效率

表 4-5　　　　　　　　　　高强度气体放电灯灯具的效率　　　　　　（单位：%）

灯具出光口形式	开敞式	格栅或透光罩
灯具效率	≥75	≥60

4.2.6 发光二极管筒灯灯具的效能

表 4-6　　　　　　　　　　发光二极管筒灯灯具的效能　　　　　　（单位：lm/W）

色温	2700K		3000K		4000K	
灯具出光口形式	格栅	保护罩	格栅	保护罩	格栅	保护罩
灯具效能	≥55	≥60	≥60	≥65	≥65	≥70

4.2.7 发光二极管平面灯灯具的效能

表 4-7　　　　　　　　　　发光二极管平面灯灯具的效能　　　　　　（单位：lm/W）

色温	2700K		3000K		4000K	
灯盘出光口形式	反射式	直射式	反射式	直射式	反射式	直射式
灯具效能	≥60	≥65	≥65	≥70	≥70	≥75

4.2.8 作业面邻近周围照度

表 4-8　　　　　　　　　　作业面邻近周围照度

作业面照度/lx	作业面邻近周围照度/lx
≥750	≥500
500	≥300
300	≥200
≤200	与作业面照度相同

注　作业面邻近周围指作业面外宽度不小于 0.5m 的区域。

4.2.9 照明设计的维护系数

表 4-9 照明设计的维护系数

环境污染特征		房间或场所举例	灯具最少擦拭次数 /（次/a）	维护系数值
室内	清洁	卧室、办公室、影院、剧场、餐厅、阅览室、教室、病房、客房、仪器仪表装配间、电子元器件装配间、检验室、商店营业厅、体育馆、体育场等	2	0.80
	一般	机场候机厅、候车室、机械加工车间、机械装配车间、农贸市场等	2	0.70
	污染严重	公用厨房、锻工车间、铸工车间、水泥车间等	3	0.60
开敞空间		雨篷、站台	2	0.65

4.2.10 直接型灯具的遮光角

表 4-10 直接型灯具的遮光角

光源平均亮度/(kcd/m²)	遮光角（°）
1～20	≥10
20～50	≥15
50～500	≥20
≥500	≥30

4.2.11 灯具平均亮度限值

表 4-11 灯具平均亮度限值（cd/m²）

屏幕分类	灯具平均亮度限值	
	屏幕亮度大于200cd/m²	屏幕亮度小于等于200cd/m²
亮背景暗字体或图像	3000	1500
暗背景亮字体或图像	1500	1000

4.2.12 光源色表特征及适用场所

表 4-12 光源色表特征及适用场所

相关色温/K	色表特征	适 用 场 所
＜3300	暖	客房、卧室、病房、酒吧
3300～5300	中间	办公室、教室、阅览室、商场、诊室、检验室、实验室、控制室、机加工车间、仪表装配
＞5300	冷	热加工车间、高照度场所

4.2.13 工作房间内表面反射比

表 4-13 工作房间内表面反射比

表面名称	反射比
顶棚	0.6～0.9
墙面	0.3～0.8
地面	0.1～0.5

4.2.14 住宅建筑照明标准值

表 4-14 住宅建筑照明标准值

房间或场所		参考平面及其高度	照度标准值/lx	显色指数（R_a）
起居室	一般活动	0.75m 水平面	100	80
	书写、阅读		300*	
卧室	一般活动	0.75m 水平面	75	80
	床头、阅读		150*	
餐厅		0.75m 餐桌面	150	80
厨房	一般活动	0.75m 水平面	100	80
	操作台	台面	150*	
卫生间		0.75m 水平面	100	80
电梯前厅		地面	75	60
走道、楼梯间		地面	50	60
车库		地面	30	60

注 * 指混合照明照度。

4.2.15 其他居住建筑照明标准值

表 4-15 其他居住建筑照明标准值

房间或场所		参考平面及其高度	照度标准值/lx	R_a（显色指数）
职工宿舍		地面	100	80
老年人卧室	一般活动	0.75m 水平面	150	80
	床头、阅读		300*	
老年人起居室	一般活动	0.75m 水平面	200	80
	书写、阅读		500*	
酒店式公寓		地面	150	80

注 * 指混合照明照度。

4.2.16　图书馆建筑照明标准值

表 4 - 16　　　　　　　　　图书馆建筑照明标准值

房间或场所	参考平面及其高度	照度标准值/lx	UGR	U_0	R_a
一般阅览室、开放式阅览室	0.75m 水平面	300	19	0.60	80
多媒体阅览室	0.75m 水平面	300	19	0.60	80
老年阅览室	0.75m 水平面	500	19	0.70	80
珍善本、舆图阅览室	0.75m 水平面	500	19	0.60	80
陈列室、目录厅（室）、出纳厅	0.75m 水平面	300	19	0.60	80
档案库	0.75m 水平面	200	19	0.60	80
书库、书架	0.25m 垂直面	50	—	0.40	80
工作间	0.75m 水平面	300	19	0.60	80
采编、修复工作间	0.75m 水平面	500	19	0.60	80

注　UGR——统一眩光值；U_0——照明均匀度；R_a——显色指数。

4.2.17　办公建筑照明标准值

表 4 - 17　　　　　　　　　办公建筑照明标准值

房间或场所	参考平面及其高度	照度标准值/lx	UGR	U_0	R_a
普通办公室	0.75m 水平面	300	19	0.60	80
高档办公室	0.75m 水平面	500	19	0.60	80
会议室	0.75m 水平面	300	19	0.60	80
视频会议室	0.75m 水平面	750	19	0.60	80
接待室、前台	0.75m 水平面	200	—	0.40	80
服务大厅、营业厅	0.75m 水平面	300	22	0.40	80
设计室	实际工作面	500	19	0.60	80
文件整理、复印、发行室	0.75m 水平面	300	—	0.40	80
资料、档案存放室	0.75m 水平面	200	—	0.40	80

注　同表 4 - 16。

4.2.18　商店建筑照明标准值

表 4 - 18　　　　　　　　　商店建筑照明标准值

房间或场所	参考平面及其高度	照度标准值/lx	UGR	U_0	R_a
一般商店营业厅	0.75m 水平面	300	22	0.60	80
一般室内商业街	地面	200	22	0.60	80
高档商店营业厅	0.75m 水平面	500	22	0.60	80

房间或场所	参考平面及其高度	照度标准值/lx	UGR	U_0	R_a
高档室内商业街	地面	300	22	0.60	80
一般超市营业厅	0.75m 水平面	300	22	0.60	80
高档超市营业厅	0.75m 水平面	500	22	0.60	80
仓储式超市	0.75m 水平面	300	22	0.60	80
专卖店营业厅	0.75m 水平面	300	22	0.60	80
农贸市场	0.75m 水平面	200	25	0.40	80
收款台	台面	500*	—	0.60	80

注 1. * 指混合照明照度。

2. 同表 4-16。

4.2.19 观演建筑照明标准值

表 4-19　　　　　　　　观演建筑照明标准值

房间或场所		参考平面及其高度	照度标准值/lx	UGR	U_0	R_a
门厅		地面	200	22	0.40	80
观众厅	影院	0.75m 水平面	100	22	0.40	80
	剧场、音乐厅	0.75m 水平面	150	22	0.40	80
观众休息厅	影院	地面	150	22	0.40	80
	剧场、音乐厅	地面	200	22	0.40	80
排演厅		地面	300	22	0.60	80
化妆室	一般活动区	0.75m 水平面	150	22	0.60	80
	化妆台	1.1m 高处垂直面	500*	—	—	90

注 1. * 指混合照明照度。

2. 同表 4-16。

4.2.20 旅馆建筑照明标准值

表 4-20　　　　　　　　旅馆建筑照明标准值

房间或场所		参考平面及其高度	照度标准值/lx	UGR	U_0	R_a
客房	一般活动区	0.75m 水平面	75	—	—	80
	床头	0.75m 水平面	150	—	—	80
	写字台	台面	300*	—	—	80
	卫生间	0.75m 水平面	150	—	—	80
中餐厅		0.75m 水平面	200	22	0.60	80
西餐厅		0.75m 水平面	150	—	0.60	80

房间或场所	参考平面及其高度	照度标准值/lx	UGR	U_0	R_a
酒吧间、咖啡厅	0.75m 水平面	75	—	0.40	80
多功能厅、宴会厅	0.75m 水平面	300	22	0.60	80
会议室	0.75m 水平面	300	19	0.60	80
大堂	地面	200	—	0.40	80
总服务台	台面	300*	—	—	80
休息厅	地面	200	22	0.40	80
客房层走廊	地面	50	—	0.40	80
厨房	台面	500*	—	0.70	80
游泳池	水面	200	22	0.60	80
健身房	0.75m 水平面	200	22	0.60	80
洗衣房	0.75m 水平面	200	—	0.40	80

注 1.*指混合照明照度。

　　2.同表4-16。

4.2.21 医疗建筑照明标准值

表4-21　　　　　　　　　医疗建筑照明标准值

房间或场所	参考平面及其高度	照度标准值/lx	UGR	U_0	R_a
治疗室、检查室	0.75m 水平面	300	19	0.70	80
化验室	0.75m 水平面	500	19	0.70	80
手术室	0.75m 水平面	750	19	0.70	90
诊室	0.75m 水平面	300	19	0.60	80
候诊室、挂号厅	0.75m 水平面	200	22	0.40	80
病房	地面	100	UGR	0.60	80
走道	地面	100	19	0.60	80
护士站	0.75m 水平面	300	19	0.60	80
药房	0.75m 水平面	500	19	0.60	80
重症监护室	0.75m 水平面	300	19	0.60	90

注　同表4-16。

4.2.22 教育建筑照明标准值

表 4-22　　　　　　　　教育建筑照明标准值

房间或场所	参考平面及其高度	照度标准值/lx	UGR	U_0	R_a
教室、阅览室	课桌面	300	19	0.60	80
实验室	实验桌面	300	19	0.60	80
美术教室	桌面	500	19	0.60	90
多媒体教室	0.75m 水平面	300	19	0.60	80
电子信息机房	0.75m 水平面	500	19	0.60	80
计算机教室、电子阅览室	0.75m 水平面	500	19	0.60	80
楼梯间	地面	100	22	0.40	80
教室黑板	黑板面	500 *	—	0.70	80
学生宿舍	地面	150	22	0.40	80

注　1. * 指混合照明照度。

　　2. 同表 4-16。

4.2.23 美术馆建筑照明标准值

表 4-23　　　　　　　　美术馆建筑照明标准值

房间或场所	参考平面及其高度	照度标准值/lx	UGR	U_0	R_a
会议报告厅	0.75m 水平面	300	22	0.60	80
休息厅	0.75m 水平面	150	22	0.40	80
美术品售卖	0.75m 水平面	300	19	0.60	80
公共大厅	地面	200	22	0.40	80
绘画展厅	地面	100	19	0.60	80
雕塑展厅	地面	150	19	0.60	80
藏画库	地面	150	22	0.60	80
藏画修理	0.75m 水平面	500	19	0.70	90

注　1. 绘画、雕塑展厅的照明标准值中不含展品陈列照明。

　　2. 当展览对光敏感要求的展品时应满足表 4-25 的要求。

　　3. 同表 4-16。

4.2.24 科技馆建筑照明标准值

表 4-24 科技馆建筑照明标准值

房间或场所	参考平面及其高度	照度标准值/lx	UGR	U_0	R_a
科普教室、实验区	0.75m 水平面	300	19	0.60	80
会议报告厅	0.75m 水平面	300	22	0.60	80
纪念品售卖区	0.75m 水平面	300	22	0.60	80
儿童乐园	地面	300	22	0.60	80
公共大厅	地面	200	22	0.40	80
球幕、巨幕、3D、4D 影院	地面	100	19	0.40	80
常设展厅	地面	200	22	0.60	80
临时展厅	地面	200	22	0.60	80

注 1. 常设展厅和临时展厅的照明标准值中不含展品陈列照明。

2. 同表 4-16。

4.2.25 博物馆建筑陈列室展品照度标准值及年曝光量限值

表 4-25 博物馆建筑陈列室展品照度标准值及年曝光量限值

类别	参考平面及其高度	照度标准值/lx	年曝光量/(lx·h/a)
对光特别敏感的展品：纺织品、织绣品、绘画、纸质物品、彩绘、陶（石）器、染色皮革、动物标本等	展品面	≤50	≤50000
对光敏感的展品：油画、蛋清画、不染色皮革、角制品、骨制品、象牙制品、竹木制品和漆器等	展品面	≤150	≤360000
对光不敏感的展品：金属制品、石质器物、陶瓷器、宝玉石器、岩矿标本、玻璃制品、搪瓷制品、珐琅器等	展品面	≤300	不限制

注 1. 陈列室一般照明应按展品照度值的 20%～30% 选取。

2. 陈列室一般照明 UGR（统一眩光值）不宜大于 19。

3. 一般场所 R_a（显色指标）不应低于 80，辨色要求高的场所，R_a 不应低于 90。

4.2.26 博物馆建筑其他场所照明标准值

表 4-26 博物馆建筑其他场所照明标准值

房间或场所	参考平面及其高度	照度标准值/lx	UGR	U_0	R_a
门厅	地面	200	22	0.40	80
序厅	地面	100	22	0.40	80
会议报告厅	0.75m 水平面	300	22	0.60	80
美术制作室	0.75m 水平面	500	22	0.60	90

房间或场所	参考平面及其高度	照度标准值/lx	UGR	U_0	R_a
编目室	0.75m 水平面	300	22	0.60	80
摄影室	0.75m 水平面	100	22	0.60	80
熏蒸室	实际工作面	150	22	0.60	80
实验室	实际工作面	300	22	0.60	80
保护修复室	实际工作面	750*	19	0.70	90
文物复制室	实际工作面	750*	19	0.70	90
标本制作室	实际工作面	750*	19	0.70	90
周转库房	地面	50	22	0.40	80
藏品库房	地面	75	22	0.40	80
藏品提看室	0.75m 水平面	150	22	0.60	80

注 1. * 指混合照明的照度标准值。其一般照明的照度值应按混合照明照度的 20%～30% 选取。
　 2. 同表 4－16。

4.2.27 会展建筑照明标准值

表 4－27　　　　　　　会展建筑照明标准值

房间或场所	参考平面及其高度	照度标准值/lx	UGR	U_0	R_a
会议室、洽谈室	0.75m 水平面	300	19	0.60	80
宴会厅	0.75m 水平面	300	22	0.60	80
多功能厅	0.75m 水平面	300	22	0.60	80
公共大厅	地面	200	22	0.40	80
一般展厅	地面	200	22	0.60	80
高档展厅	地面	300	22	0.60	80

注 同表 4－16。

4.2.28 交通建筑照明标准值

表 4－28　　　　　　　交通建筑照明标准值

房间或场所		参考平面及其高度	照度标准值/lx	UGR	U_0	R_a
售票台		台面	500*	—	—	80
问讯处		0.75m 水平面	200	—	0.60	80
候车（机、船）室	普通	地面	150	22	0.40	80
	高档	地面	200	22	0.60	80
贵宾室、休息室		0.75m 水平面	300	22	0.60	80
中央大厅、售票大厅		地面	200	22	0.40	80

房间或场所		参考平面及其高度	照度标准值/lx	UGR	U_0	R_a
海关、护照检查		工作面	500	—	0.70	80
安全检查		地面	300	—	0.60	80
换票、行李托运		0.75m 水平面	300	19	0.60	80
行李认领、到达大厅、出发大厅		地面	200	22	0.40	80
通道、连接区、扶梯、换乘厅		地面	150	—	0.40	80
有棚站台		地面	75	—	0.60	60
无棚站台		地面	50	—	0.40	20
走廊、楼梯、平台、流动区域	普通	地面	75	25	0.40	60
	高档	地面	150	25	0.60	60
地铁站厅	普通	地面	100	25	0.60	80
	高档	地面	200	22	0.60	80
地铁进出站门厅	普通	地面	150	25	0.60	80
	高档	地面	200	22	0.60	80

注 1. * 指混合照明照度。

2. 同表 4-16。

4.2.29 金融建筑照明标准值

表 4-29 金融建筑照明标准值

房间或场所		参考平面及其高度	照度标准值/lx	UGR	U_0	R_a
营业大厅		地面	200	22	0.60	80
营业柜台		台面	500	—	0.60	80
客户服务中心	普通	0.75m 水平面	200	22	0.60	60
	贵宾室	0.75m 水平面	300	22	0.60	80
交易大厅		0.75m 水平面	300	22	0.60	80
数据中心主机房		0.75m 水平面	500	19	0.60	80
保管库		地面	200	22	0.40	80
信用卡作业区		0.75m 水平面	300	19	0.60	80
自助银行		地面	200	19	0.60	80

注 1. 本表适用于银行、证券、期货、保险、电信、邮政等行业，也适用于类似用途（如供电、供水、供
气）的营业厅、柜台和客服中心。

2. 同表 4-16。

4.2.30 无电视转播的体育建筑照明标准值

表 4-30 无电视转播的体育建筑照明标准值

运动项目		参考平面及其高度	照度标准值/lx			显色指数 (R_a)		眩光指数 (GR)	
			训练和娱乐	业余比赛	专业比赛	训练	比赛	训练	比赛
篮球、排球、手球、室内足球		地面	300	500	750	65	65	35	30
体操、艺术体操、技巧、蹦床、举重		台面							
速度滑冰		冰面							
羽毛球		地面	300	750/500	1000/500	65	65	35	30
乒乓球、柔道、摔跤、跆拳道、武术		台面	300	500	1000	65	65	35	30
冰球、花样滑冰、冰上舞蹈、短道速滑		冰面							
拳击		台面	500	1000	2000	65	65	35	30
游泳、跳水、水球、花样游泳		水面	200	300	500	65	65	—	—
马术		地面							
射击、射箭	射击区、弹（箭）道区	地面	200	200	300	65	65	—	—
	靶心	靶心垂直面	1000	1000	1000				
击剑		地面	300	500	750	65	65	—	—
		垂直面	200	300	500				
网球	室外	地面	300	500/300	750/500	65	65	55	50
	室内							35	30
场地自行车	室外	地面	200	500	750	65	65	55	50
	室内							35	30
足球、田径		地面	200	300	500	20	65	55	50
曲棍球		地面	300	500	750	20	65	55	50
棒球、垒球		地面	300/200	500/300	750/500	20	65	55	50

注 1. 当表中同一格有两个值时，"/"前为内场的值，"/"后为外场的值。
  2. 表中规定的照度应为比赛场地参考平面上的使用照度。

4.2.31 有电视转播的体育建筑照明标准值

表 4-31　　　　　　　　　　有电视转播的体育建筑照明标准值

运动项目		参考平面及其高度	照度标准值/lx			显色指数（R_a）		T_{cp}/K		眩光指数（GR）
			国家、国际比赛	重大国际比赛	HDTV	国家、国际比赛，重大国际比赛	HDTV	国家、国际比赛，重大国际比赛	HDTV	
篮球、排球、手球、室内足球、乒乓球		地面1.5m	1000	1400	2000	≥80	>80	≥4000	≥5500	30
体操、艺术体操、技巧、蹦床、柔道、摔跤、跆拳道、武术、举重		台面1.5m								
击剑		台面1.5m								—
游泳、跳水、水球、花样游泳		水面0.2m								—
冰球、花样滑冰、冰上舞蹈、短道速滑、速度滑冰		冰面1.5m								30
羽毛球		地面1.5m	1000/750	1400/1000	2000/1400					30
拳击		台面1.5m	1000	2000	2500					30
射箭	射击区、箭道区	地面1.0m	500	500	500					—
	靶心	靶心垂直面	1500	1500	2000					—
场地自行车	室内	地面1.5m	1000	1400	2000					30
	室外									50
足球、田径、曲棍球		地面1.5m								50
马术		地面1.5m								—
网球	室内	地面1.5m	1000/750	1400/1000	2000/1400					30
	室外									50
棒球、垒球		地面1.5m								50
射击	射击区、弹道区	地面1.0m	500	500	500	≥80		≥3000	≥4000	—
	靶心	靶心垂直面	1500	1500	2000					

注　1. HDTV指高清晰度电视；其特殊显色指数 R_a 应大于零。

　　2. 表中同一格有两个值时，"/"前为内场的值，"/"后为外场的值。

　　3. 表中规定的照度除射击、射箭外，其他均应为比赛场地主摄像机方向的使用照度值。

4.2.32 工业建筑一般照明标准值

表 4-32　　　　　　　　工业建筑一般照明标准值

房间或场所		参考平面及其高度	照度标准值/lx	UGR	U_0	R_a	备注
1. 机、电工业							
机械加工	粗加工	0.75m 水平面	200	22	0.40	60	可另加局部照明
	一般加工公差≥0.1mm	0.75m 水平面	300	22	0.60	60	应另加局部照明
	精密加工公差<0.1mm	0.75m 水平面	500	19	0.70	60	应另加局部照明
机电仪表装配	大件	0.75m 水平面	200	25	0.60	80	可另加局部照明
	一般件	0.75m 水平面	300	25	0.60	80	可另加局部照明
	精密	0.75m 水平面	500	22	0.70	80	应另加局部照明
	特精密	0.75m 水平面	750	19	0.70	80	应另加局部照明
电线、电缆制造		0.75m 水平面	300	25	0.60	60	—
线圈绕制	大线圈	0.75m 水平面	300	25	0.60	80	—
	中等线圈	0.75m 水平面	500	22	0.70	80	可另加局部照明
	精细线圈	0.75m 水平面	750	19	0.70	80	应另加局部照明
线圈浇注		0.75m 水平面	300	25	0.60	80	—
焊接	一般	0.75m 水平面	200	—	0.60	60	—
	精密	0.75m 水平面	300	—	0.70	60	—
钣金		0.75m 水平面	300	—	0.60	60	—
冲压、剪切		0.75m 水平面	300	—	0.60	60	—
热处理		地面至 0.5m 水平面	200	—	0.60	20	—
铸造	熔化、浇铸	地面至 0.5m 水平面	200	—	0.60	20	—
	造型	地面至 0.5m 水平面	300	25	0.60	60	—
精密铸造的制模、脱壳		地面至 0.5m 水平面	500	25	0.60	60	—
锻工		地面至 0.5m 水平面	200	—	0.60	20	—
电镀		0.75m 水平面	300	—	0.60	80	—
喷漆	一般	0.75m 水平面	300	—	0.60	80	—
	精细	0.75m 水平面	500	22	0.70	80	—
酸洗、腐蚀、清洗		0.75m 水平面	300	—	0.60	80	—
抛光	一般装饰性	0.75m 水平面	300	22	0.60	80	应防频闪
	精细	0.75m 水平面	500	22	0.70	80	应防频闪
复合材料加工、铺叠、装饰		0.75m 水平面	500	22	0.60	80	—
机电修理	一般	0.75m 水平面	200	—	0.60	60	可另加局部照明
	精密	0.75m 水平面	300	22	0.70	60	可另加局部照明

房间或场所		参考平面及其高度	照度标准值/lx	UGR	U_0	R_a	备注
2. 电子工业							
整机类	整机厂	0.75m 水平面	300	22	0.60	80	—
	装配厂房	0.75m 水平面	300	22	0.60	80	—
元器件类	微电子产品及集成电路	0.75m 水平面	500	19	0.70	80	应另加局部照明
	显示器件	0.75m 水平面	500	19	0.70	80	—
	印制线路板	0.75m 水平面	500	19	0.70	80	可根据工艺要求降低照度值
	光伏组件	0.75m 水平面	300	19	0.60	80	—
	电真空器件、机电组件等	0.75m 水平面	500	19	0.60	80	—
电子材料类	半导体材料	0.75m 水平面	300	22	0.60	80	—
	光纤、光缆	0.75m 水平面	300	22	0.60	80	—
酸、碱、药液及粉配制		0.75m 水平面	300	—	0.60	80	—
3. 纺织、化纤工业							
纺织	选毛	0.75m 水平面	300	22	0.70	80	可另加局部照明
	清棉、和毛、梳毛	0.75m 水平面	150	22	0.60	80	—
	前纺：梳棉、并条、粗纺	0.75m 水平面	200	22	0.60	80	—
	纺纱	0.75m 水平面	300	22	0.60	80	—
	织布	0.75m 水平面	300	22	0.60	80	—
织袜	穿综筘、缝纫、量呢、检验	0.75m 水平面	300	22	0.70	80	可另加局部照明
	修补、剪毛、染色、印花、裁剪、熨烫	0.75m 水平面	300	22	0.70	80	可另加局部照明
化纤	投料	0.75m 水平面	100	—	0.60	80	—
	纺丝	0.75m 水平面	150	22	0.60	80	—
	卷绕	0.75m 水平面	200	22	0.60	80	—
	平衡间、中间贮存、干燥间、废丝间、油剂高位槽间	0.75m 水平面	75	—	0.60	60	—
	集束间、后加工间、打包间、油剂调配间	0.75m 水平面	100	25	0.60	60	—
	组件清洗间	0.75m 水平面	150	25	0.60	60	—
	拉伸、变形、分级包装	0.75m 水平面	150	25	0.70	80	操作面可另加局部照明
	化验、检验	0.75m 水平面	200	25	0.70	80	可另加局部照明
	聚合车间、原液车间	0.75m 水平面	100	22	0.60	60	—

房间或场所		参考平面及其高度	照度标准值/lx	UGR	U_0	R_a	备注
4. 制药工业							
制药生产：配制、清洗灭菌、超滤、制粒、压片、混匀、烘干、灌装、轧盖等		0.75m 水平面	300	22	0.60	80	—
制药生产流转通道		地面	200	—	0.40	80	—
更衣室		地面	200	—	0.40	80	—
技术夹层		地面	100	—	0.40	40	—
5. 橡胶工业							
炼胶车间		0.75m 水平面	300	—	0.60	80	—
压延压出工段		0.75m 水平面	300	—	0.60	80	—
成型裁断工段		0.75m 水平面	300	22	0.60	80	—
硫化工段		0.75m 水平面	300	—	0.60	80	—
6. 电力工业							
火电厂锅炉房		地面	100	—	0.60	60	—
发电机房		地面	200	—	0.60	60	—
主控室		0.75m 水平面	500	19	0.60	80	—
7. 钢铁工业							
炼铁	高炉炉顶平台、各层平台	平台面	30	—	0.60	60	—
	出铁场、出铁机室	地面	100	—	0.60	60	—
	卷扬机室、碾泥机室、煤气清洗配水室	地面	50	—	0.60	60	—
炼钢及连铸	炼钢主厂房和平台	地面、平台面	150	—	0.60	60	需另加局部照明
	连铸浇注平台、切割区、出坯区	地面	150	—	0.60	60	需另加局部照明
	精整清理线	地面	200	25	0.60	60	—
轧钢	棒线材主厂房	地面	150	—	0.60	60	—
	钢管主厂房	地面	150	—	0.60	60	—
	冷轧主厂房	地面	150	—	0.60	60	需另加局部照明
	热轧主厂房、钢坯台	地面	150	—	0.60	60	—
	加热炉周围	地面	50	—	0.60	20	—
	重绕、横剪及纵剪机组	0.75m 水平面	150	25	0.60	80	—
	打印、检查、精密分类、验收	0.75m 水平面	200	22	0.70	80	—

房间或场所		参考平面及其高度	照度标准值/lx	UGR	U_0	R_a	备注
8. 制浆造纸工业							
备料		0.75m 水平面	150	—	0.60	60	—
蒸煮、选洗、漂白		0.75m 水平面	200	—	0.60	60	
打浆、纸机底部		0.75m 水平面	200	—	0.60	60	
纸机网部、压榨部、烘缸、压光、卷取、涂布		0.75m 水平面	300	—	0.60	60	
复卷、切纸		0.75m 水平面	300	25	0.60	60	
选纸		0.75m 水平面	500	22	0.60	60	
碱回收		0.75m 水平面	200	—	0.60	60	
9. 食品及饮料工业							
食品	糕点、糖果	0.75m 水平面	200	22	0.60	80	
	肉制品、乳制品	0.75m 水平面	300	22	0.60	80	
	饮料	0.75m 水平面	300	22	0.60	80	
啤酒	糖化	0.75m 水平面	200	—	0.60	80	
	发酵	0.75m 水平面	150	—	0.60	80	
	包装	0.75m 水平面	150	25	0.60	80	
10. 玻璃工业							
备料、退火、熔制		0.75m 水平面	150	—	0.60	60	—
窑炉		地面	100	—	0.60	20	
11. 水泥工业							
主要生产车间（破碎、原料粉磨、烧成、水泥粉磨、包装）		地面	100	—	0.60	20	—
储存		地面	75	—	0.60	60	
输送走廊		地面	30	—	0.40	20	
粗坯成型		0.75m 水平面	300	—	0.60	—	
12. 皮革工业							
原皮、水浴		0.75m 水平面	200	—	0.60	60	—
轻毂、整理、成品		0.75m 水平面	200	22	0.60	60	可另加局部照明
干燥		地面	100	—	0.60	20	—

房间或场所		参考平面及其高度	照度标准值/lx	UGR	U_0	R_a	备注
13. 卷烟工业							
制丝车间	一般	0.75m 水平面	200	—	0.60	80	—
	较高	0.75m 水平面	300	—	0.70	80	—
卷烟、接过滤嘴、包装	一般	0.75m 水平面	300	22	0.60	80	—
	较高	0.75m 水平面	500	22	0.70	80	—
膨胀烟丝车间		0.75m 水平面	200	—	0.60	80	—
贮叶间		1.0m 水平面	100	—	0.60	60	—
贮丝间		1.0m 水平面	100	—	0.60	60	—
14. 化学、石油工业							
厂区内经常操作的区域，如泵、压缩机、阀门、电操作柱等		操作位高度	100	—	0.60	20	—
装置区现场控制和检测点，如指示仪表、液位计等		测控点高度	75	—	0.70	60	—
人行通道、平台、设备顶部		地面或台面	30	—	0.60	20	—
装卸站	装卸设备顶部和底部操作位	操作位高度	75	—	0.60	20	—
	平台	平台	30	—	0.60	20	—
电缆夹层		0.75m 水平面	100	—	0.40	60	—
避难间		0.75m 水平面	150	—	0.40	60	—
压缩机厂房		0.75m 水平面	150	—	0.60	60	—
15. 木业和家具制造							
一般机器加工		0.75m 水平面	200	22	0.60	60	应防频闪
精细机器加工		0.75m 水平面	500	19	0.70	80	应防频闪
锯木区		0.75m 水平面	300	25	0.60	60	应防频闪
模型区	一般	0.75m 水平面	300	22	0.60	60	—
	精细	0.75m 水平面	750	22	0.70	60	—
胶合、组装		0.75m 水平面	300	25	0.60	60	—
磨光、异形细木工		0.75m 水平面	750	22	0.70	80	—

注 需增加局部照明的作业面，增加的局部照明照度值宜按该场所一般照明照度值的 1.0～3.0 倍选取。

4.2.33 公共和工业建筑通用房间或场所照明标准值

表 4-33 公共和工业建筑通用房间或场所照明标准值

房间或场所		参考平面及其高度	照度标准值/lx	UGR	U_0	R_a	备注
门厅	普通	地面	100	—	0.40	60	—
	高档	地面	200	—	0.60	80	—
走廊、流动区域、楼梯间	普通	地面	50	25	0.40	60	—
	高档	地面	100	25	0.60	80	—
自动扶梯		地面	150	—	0.60	60	—
厕所、盥洗室、浴室	普通	地面	75	—	0.40	60	—
	高档	地面	150	—	0.60	80	—
电梯前厅	普通	地面	100	—	0.40	60	—
	高档	地面	150	—	0.60	80	—
休息室		地面	100	22	0.40	80	—
更衣室		地面	150	22	0.40	80	—
储藏室		地面	100	—	0.40	60	—
餐厅		地面	200	22	0.60	80	—
公共车库		地面	50	—	0.60	60	—
公共车库检修间		地面	200	25	0.60	80	可另加局部照明
试验室	一般	0.75m 水平面	300	22	0.60	80	可另加局部照明
	精细	0.75m 水平面	500	19	0.60	80	可另加局部照明
检验	一般	0.75m 水平面	300	22	0.60	80	可另加局部照明
	精细,有颜色要求	0.75m 水平面	750	19	0.60	80	可另加局部照明
计量室,测量室		0.75m 水平面	500	19	0.70	80	可另加局部照明
电话站、网络中心		0.75m 水平面	500	19	0.60	80	—
计算机站		0.75m 水平面	500	19	0.60	80	防光幕反射
变、配电站	配电装置室	0.75m 水平面	200	—	0.60	80	—
	变压器室	地面	100	—	0.60	60	—
电源设备室、发电机室		地面	200	25	0.60	80	—
电梯机房		地面	200	25	0.60	80	—
控制室	一般控制室	0.75m 水平面	300	22	0.60	80	—
	主控制室	0.75m 水平面	500	19	0.60	80	—

房间或场所		参考平面及其高度	照度标准值/lx	UGR	U_0	R_a	备注
动力站	风机房、空调机房	地面	100	—	0.60	60	—
	泵房	地面	100	—	0.60	60	—
	冷冻站	地面	150	—	0.60	60	—
	压缩空气站	地面	150	—	0.60	60	—
	锅炉房、煤气站的操作层	地面	100	—	0.60	60	锅炉水位表照度不小于50lx
仓库	大件库	1.0m 水平面	50	—	0.40	20	—
	一般件库	1.0m 水平面	100	—	0.60	60	—
	半成品库	1.0m 水平面	150	—	0.60	80	—
	精细件库	1.0m 水平面	200	—	0.60	80	货架垂直照度不小于50lx
车辆加油站		地面	100	—	0.60	60	油表表面照度不小于50lx

注 同表 4 - 16。

4.2.34 住宅建筑每户照明功率密度限值

表 4 - 34 住宅建筑每户照明功率密度限值

房间或场所	照度标准值/lx	照明功率密度限值/(W/m²)	
		现行值	目标值
起居室	100	≤6.0	≤5.0
卧室	75		
餐厅	150		
厨房	100		
卫生间	100		
职工宿舍	100	≤4.0	≤3.5
车库	30	≤2.0	≤1.8

4.2.35 图书馆建筑照明功率密度限值

表 4 - 35　　　　　　　　　图书馆建筑照明功率密度限值

房间或场所	照度标准值/lx	照明功率密度限值/（W/m²）	
		现行值	目标值
一般阅览室、开放式阅览室	300	≤9.0	≤8.0
目录厅（室）、出纳室	300	≤11.0	≤10.0
多媒体阅览室	300	≤9.0	≤8.0
老年阅览室	500	≤15.0	≤13.5

4.2.36 办公建筑和其他类型建筑中具有办公用途场所照明功率密度限值

表 4 - 36　　　办公建筑和其他类型建筑中具有办公用途场所照明功率密度限值

房间或场所	照度标准值/lx	照明功率密度限值/（W/m²）	
		现行值	目标值
普通办公室	300	≤9.0	≤8.0
高档办公室、设计室	500	≤15.0	≤13.5
会议室	300	≤9.0	≤8.0
服务大厅	300	≤11.0	≤10.0

4.2.37 商店建筑照明功率密度限值

表 4 - 37　　　　　　　　　商店建筑照明功率密度限值

房间或场所	照度标准值/lx	照明功率密度限值/（W/m²）	
		现行值	目标值
一般商店营业厅	300	≤10.0	≤9.0
高档商店营业厅	500	≤16.0	≤14.5
一般超市营业厅	300	≤11.0	≤10.0
高档超市营业厅	500	≤17.0	≤15.5
专卖店营业厅	300	≤11.0	≤10.0
仓储超市	300	≤11.0	≤10.0

4.2.38 旅馆建筑照明功率密度限值

表 4 - 38 旅馆建筑照明功率密度限值

房间或场所	照度标准值/lx	照明功率密度限值/（W/m²）	
		现行值	目标值
客房	—	≤7.0	≤6.0
中餐厅	200	≤9.0	≤8.0
西餐厅	150	≤6.5	≤5.5
多功能厅	300	≤13.5	≤12.0
客房层走廊	50	≤4.0	≤3.5
大堂	200	≤9.0	≤8.0
会议室	300	≤9.0	≤8.0

4.2.39 医疗建筑照明功率密度限值

表 4 - 39 医疗建筑照明功率密度限值

房间或场所	照度标准值/lx	照明功率密度限值/（W/m²）	
		现行值	目标值
治疗室、诊室	300	≤9.0	≤8.0
化验室	500	≤15.0	≤13.5
候诊室、挂号厅	200	≤6.5	≤5.5
病房	100	≤5.0	≤4.5
护士站	300	≤9.0	≤8.0
药房	500	≤15.0	≤13.5
走廊	100	≤4.5	≤4.0

4.2.40 教育建筑照明功率密度限值

表 4 - 40 教育建筑照明功率密度限值

房间或场所	照度标准值/lx	照明功率密度限值/（W/m²）	
		现行值	目标值
教室、阅览室	300	≤9.0	≤8.0
实验室	300	≤9.0	≤8.0
美术教室	500	≤15.0	≤13.5
多媒体教室	300	≤9.0	≤8.0
计算机教室、电子阅览室	500	≤15.0	≤13.5
学生宿舍	150	≤5.0	≤4.5

4.2.41 美术馆建筑照明功率密度限值

表 4-41　　　　　　　　美术馆建筑照明功率密度限值

房间或场所	照度标准值/lx	照明功率密度限值/（W/m²）	
		现行值	目标值
会议报告厅	300	≤9.0	≤8.0
美术品售卖区	300	≤9.0	≤8.0
公共大厅	200	≤9.0	≤8.0
绘画展厅	100	≤5.0	≤4.5
雕塑展厅	150	≤6.5	≤5.5

4.2.42 科技馆建筑照明功率密度限值

表 4-42　　　　　　　　科技馆建筑照明功率密度限值

房间或场所	照度标准值/lx	照明功率密度限度/（W/m²）	
		现行值	目标值
科普教室	300	≤9.0	≤8.0
会议报告厅	300	≤9.0	≤8.0
纪念品售卖区	300	≤9.0	≤8.0
儿童乐园	300	≤10.0	≤8.0
公共大厅	200	≤9.0	≤8.0
常设展厅	200	≤9.0	≤8.0

4.2.43 博物馆建筑照明功率密度限值

表 4-43　　　　　　　　博物馆建筑照明功率密度限值

房间或场所	照度标准值/lx	照明功率密度限值/（W/m²）	
		现行值	目标值
会议报告厅	300	≤9.0	≤8.0
美术制作室	500	≤15.0	≤13.5
编目室	300	≤9.0	≤8.0
藏品库房	75	≤4.0	≤3.5
藏品提看室	150	≤5.0	≤4.5

4.2.44 会展建筑照明功率密度限值

表 4-44   会展建筑照明功率密度限值

房间或场所	照度标准值/lx	照明功率密度限值/（W/m²）	
		现行值	目标值
会议室、洽谈室	300	≤9.0	≤8.0
宴会厅、多功能厅	300	≤13.5	≤12.0
一般展厅	200	≤9.0	≤8.0
高档展厅	300	≤13.5	≤12.0

4.2.45 交通建筑照明功率密度限值

表 4-45   交通建筑照明功率密度限值

房间或场所		照度标准值/lx	照明功率密度限值/（W/m²）	
			现行值	目标值
候车（机、船）室	普通	150	≤7.0	≤6.0
	高档	200	≤9.0	≤8.0
中央大厅、售票大厅		200	≤9.0	≤8.0
行李认领、到达大厅、出发大厅		200	≤9.0	≤8.0
地铁站厅	普通	100	≤5.0	≤4.5
	高档	200	≤9.0	≤8.0
地铁进出站门厅	普通	150	≤6.5	≤5.5
	高档	200	≤9.0	≤8.0

4.2.46 金融建筑照明功率密度限值

表 4-46   金融建筑照明功率密度限值

房间或场所	照度标准值/lx	照明功率密度限值/（W/m²）	
		现行值	目标值
营业大厅	200	≤9.0	≤8.0
交易大厅	300	≤13.5	≤12.0

4.2.47 工业建筑非爆炸危险场所照明功率密度限值

表 4 - 47   工业建筑非爆炸危险场所照明功率密度限值

房间或场所		照度标准值/lx	照明功率密度限值/（W/m²）	
			现行值	目标值
1. 机、电工业				
照度标准值/lx	粗加工	200	≤7.5	≤6.5
	一般加工公差≥0.1mm	300	≤11.0	≤10.0
	精密加工公差<0.1mm	500	≤17.0	≤15.0
机电、仪表装配	大件	200	≤7.5	≤6.5
	一般件	300	≤11.0	≤10.0
	精密	500	≤17.0	≤15.0
	特精密	750	≤24.0	≤22.0
电线、电缆制造		300	≤11.0	≤10.0
线圈绕制	大线圈	300	≤11.0	≤10.0
	中等线圈	500	≤17.0	≤15.0
	精细线圈	750	≤24.0	≤22.0
线圈浇注		300	≤11.0	≤10.0
焊接	一般	200	≤7.5	≤6.5
	精密	300	≤11.0	≤10.0
钣金		300	≤11.0	≤10.0
冲压、剪切		300	≤11.0	≤10.0
热处理		200	≤7.5	≤6.5
铸造	熔化、浇铸	200	≤9.0	≤8.0
	造型	300	≤13.0	≤12.0
精密铸造的制模、脱壳		500	≤17.0	≤15.0
锻工		200	≤8.0	≤7.0
电镀		300	≤13.0	≤12.0
酸洗、腐蚀、清洗		300	≤15.0	≤14.0
抛光	一般装饰性	300	≤12.0	≤11.0
	精细	500	≤18.0	≤16.0
复合材料加工、铺叠、装饰		500	≤17.0	≤15.0
整机类	一般	200	≤7.5	≤6.5
	精密	300	≤11.0	≤10.0

房间或场所		照度标准值/lx	照明功率密度限值/(W/m²)	
			现行值	目标值
2. 电子工业				
整机类	整机厂	300	≤11.0	≤10.0
	装配厂房	300	≤11.0	≤10.0
元器件类	微电子产品及集成电路	500	≤18.0	≤16.0
	显示器件	500	≤18.0	≤16.0
	印制线路板	500	≤18.0	≤16.0
	光伏组件	300	≤11.0	≤10.0
	电真空器件、机电组件等	500	≤18.0	≤16.0
电子材料类	半导体材料	300	≤11.0	≤10.0
	光纤、光缆	300	≤11.0	≤10.0
酸、碱、药液及粉配制		300	≤13.0	≤12.0

4.2.48 公共和工业建筑非爆炸危险场所通用房间或场所照明功率密度限值

表 4-48 公共和工业建筑非爆炸危险场所通用房间或场所照明功率密度限值

房间或场所		照度标准值/lx	照明功率密度限值/(W/m²)	
			现行值	目标值
走廊	一般	50	≤2.5	≤2.0
	高档	100	≤4.0	≤3.5
厕所	一般	75	≤3.5	≤3.0
	高档	150	≤6.0	≤5.0
试验室	一般	300	≤9.0	≤8.0
	精细	500	≤15.0	≤13.5
检验	一般	300	≤9.0	≤8.0
	精细，有颜色要求	750	≤23.0	≤21.0
计量室、测量室		500	≤15.0	≤13.5
控制室	一般控制室	300	≤9.0	≤8.0
	主控制室	500	≤15.0	≤13.5
电话站、网络中心、计算机站		500	≤15.0	≤13.5

房间或场所		照度标准值/lx	照明功率密度限值/(W/m²)	
			现行值	目标值
动力站	风机房、空调机房	100	≤4.0	≤3.5
	泵房	100	≤4.0	≤3.5
	冷冻站	150	≤6.0	≤5.0
	压缩空气站	150	≤6.0	≤5.0
	锅炉房、煤气站的操作层	100	≤5.0	≤4.5
仓库	大件库	50	≤2.5	≤2.0
	一般件库	100	≤4.0	≤3.5
	半成品库	150	≤6.0	≤5.0
	精细件库	200	≤7.0	≤6.0
公共车库		50	≤2.5	≤2.0
车辆加油站		100	≤5.0	≤4.5

5

民用建筑物防雷常用计算公式

5.1 公式速查

5.1.1 建筑物年预计雷击次数的计算

建筑物年预计雷击次数应按下式计算：

$$N = k N_g A_e$$
$$N_g = 0.1 T_d$$

式中　N——建筑物年预计雷击次数（次/a）；

$\quad\quad k$——校正系数，在一般情况下取 1；位于河边、湖边、山坡下或山地中土壤电阻率较小处、地下水露头处、土山顶部、山谷风口等处的建筑物，以及特别潮湿的建筑物取 1.5；金属屋面没有接地的砖木结构建筑物取 1.7；位于山顶上或旷野的孤立建筑物取 2；

$\quad\quad N_g$——建筑物所处地区雷击大地的年平均密度 [次/（$km^2 \cdot a$）]；

$\quad\quad A_e$——与建筑物截收相同雷击次数的等效面积（km^2）；

$\quad\quad T_d$——年平均雷暴日，根据当地气象台、站资料确定（d/a）。

5.1.2 独立接闪杆和架空接闪线或网的支柱及其接地装置至被保护建筑物及与其有联系的管道、电缆等金属物之间的间隔距离的计算

独立接闪杆和架空接闪线或网的支柱及其接地装置至被保护建筑物及与其有联系的管道、电缆等金属物之间的间隔距离（见图 5-1），应按下列公式计算，但不得小于 3m：

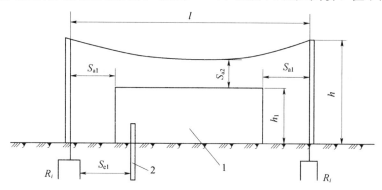

图 5-1　防雷装置至被保护物的间隔距离
1—被保护建筑物；2—金属管道

1）地上部分：

当 $h_x < 5 R_i$ 时：

$$S_{a1} \geqslant 0.4 (R_i + 0.1 h_x)$$

当 $h_x \geqslant 5 R_i$ 时：

$$S_{a1} \geqslant 0.1 (R_i + h_x)$$

2）地下部分：

$$S_{e1} \geqslant 0.4R_i$$

式中　S_{a1}——空气中的间隔距离（m）；

　　　S_{e1}——地中的间隔距离（m）；

　　　R_i——独立接闪杆、架空接闪线或网支柱处接地装置的冲击接地电阻（Ω）；

　　　h_x——被保护建筑物或计算点的高度（m）。

5.1.3　架空接闪线至屋面和各种突出屋面的风帽、放散管等物体之间的间隔距离的计算

架空接闪线至屋面和各种突出屋面的风帽、放散管等物体之间的间隔距离（见图 5-2），应按下列公式计算，但不应小于 3m：

1）当 $\left(h+\dfrac{l}{2}\right)<5R_i$ 时：

$$S_{a2} \geqslant 0.2R_i + 0.03\left(h+\frac{l}{2}\right)$$

2）当 $\left(h+\dfrac{l}{2}\right)\geqslant 5R_i$ 时：

$$S_{a2} \geqslant 0.05R_i + 0.06\left(h+\frac{l}{2}\right)$$

式中　S_{a2}——接闪线至被保护物在空气中的间隔距离（m）；

　　　R_i——独立接闪杆、架空接闪线或网支柱处接地装置的冲击接地电阻（Ω）；

　　　h——接闪线的支柱高度（m）；

　　　l——接闪线的水平长度（m）。

5.1.4　架空接闪网至屋面和各种突出屋面的风帽、放散管等物体之间的间隔距离的计算

架空接闪网至屋面和各种突出屋面的风帽、放散管等物体之间的间隔距离，应按下列公式计算，但不应小于 3m：

1）当 $(h+l_1)<5R_i$ 时：

$$S_{a2} \geqslant \frac{1}{n}\left[0.4R_i + 0.06(h+l_1)\right]$$

2）当 $(h+l_1)\geqslant 5R_i$ 时：

$$S_{a2} \geqslant \frac{1}{n}\left[0.1R_i + 0.12(h+l_1)\right]$$

式中　S_{a2}——接闪网至被保护物在空气中的间隔距离（m）；

　　　R_i——独立接闪杆、架空接闪线或网支柱处接地装置的冲击接地电阻（Ω）；

　　　h——接闪线的支柱高度（m）；

　　　l_1——从接闪网中间最低点沿导体至最近支柱的距离（m）；

n——从接闪网中间最低点沿导体至最近不同支柱并有同一距离 l_1 的个数。

5.1.5 外部防雷的环形接地体引下线补加长度的计算

当每根引下线的冲击接地电阻大于 10Ω 时，外部防雷的环形接地体宜按以下方法敷设：

1）当土壤电阻率小于或等于 $500\Omega \cdot m$ 时，对环形接地体所包围面积的等效圆半径小于 5m 的情况，每一引下线处应补加水平接地体或垂直接地体。

2）上述第 1）项补加水平接地体时，其最小长度应按下式计算：

$$l_r = 5 - \sqrt{\frac{A}{\pi}}$$

式中 $\sqrt{\dfrac{A}{\pi}}$——环形接地体所包围面积的等效圆半径（m）；

l_r——补加水平接地体的最小长度（m）；

A——环形接地体所包围的面积（m^2）。

3）上述第 1）项补加垂直接地体时，其最小长度应按下式计算：

$$l_v = \frac{5 - \sqrt{\dfrac{A}{\pi}}}{2}$$

式中 l_v——补加垂直接地体的最小长度（m）；

$\sqrt{\dfrac{A}{\pi}}$——环形接地体所包围面积的等效圆半径（m）；

A——环形接地体所包围的面积（m^2）。

4）当土壤电阻率大于 $500\Omega \cdot m$、小于或等于 $3000\Omega \cdot m$，且对环形接地体所包围面积的等效圆半径符合下式的计算值时，每一引下线处应补加水平接地体或垂直接地体：

$$\sqrt{\frac{A}{\pi}} < \frac{11\rho - 3600}{380}$$

式中 $\sqrt{\dfrac{A}{\pi}}$——环形接地体所包围面积的等效圆半径（m）；

ρ——埋电缆处的土壤电阻率（$\Omega \cdot m$）；

A——环形接地体所包围的面积（m^2）。

5）上述第 4）项补加水平接地体时，其最小总长度应按下式计算：

$$l_r = \left(\frac{11\rho - 3600}{380}\right) - \sqrt{\frac{A}{\pi}}$$

式中 $\sqrt{\dfrac{A}{\pi}}$——环形接地体所包围面积的等效圆半径（m）；

ρ——埋电缆处的土壤电阻率（$\Omega \cdot m$）；

l_r——补加水平接地体的最小长度（m）；

A——环形接地体所包围的面积（m²）。

6）上述第 4）项补加垂直接地体时，其最小总长度应按下式计算：

$$l_v = \frac{\left(\dfrac{11\rho - 3600}{380}\right) - \sqrt{\dfrac{A}{\pi}}}{2}$$

式中　l_v——补加垂直接地体的最小长度（m）；

ρ——埋电缆处的土壤电阻率（Ω·m）；

$\sqrt{\dfrac{A}{\pi}}$——环形接地体所包围面积的等效圆半径（m）；

A——环形接地体所包围的面积（m²）。

5.1.6　电涌保护器每一保护模式冲击电流值的计算

电源总配电箱处所装设的电涌保护器，其每一保护模式的冲击电流值 I_{imp} 宜按下式计算：

1）当电源线路无屏蔽层时：

$$I_{imp} = \frac{0.5I}{nm}$$

2）当电源线路有屏蔽层时：

$$I_{imp} = \frac{0.5IR_5}{n(mR_s + R_c)}$$

式中　I——雷电流，取 200kA；

n——地下和架空引入的外来金属管道和线路的总数；

m——每一线路内导体芯线的总根数；

R_s——屏蔽层每公里的电阻（Ω/km）；

R_c——芯线每公里的电阻（Ω/km）。

5.1.7　共用接地装置引下线补加长度的计算

共用接地装置的接地电阻应按 50Hz 电气装置的接地电阻确定，不应大于按人身安全所确定的接地电阻值。在土壤电阻率小于或等于 3000Ω·m 时，外部防雷装置的接地体应符合下列规定之一，以及环形接地体所包围面积的等效圆半径等于或大于所规定的值时，可不计冲击接地电阻；但当每根专设引下线的冲击接地电阻不大于 10Ω 时，可不按下述第 1）、2）款敷设接地体：

1）当土壤电阻率 ρ 小于或等于 800Ω·m 时，对环形接地体所包围面积的等效圆半径小于 5m 的情况，每一引下线处应补加水平接地体或垂直接地体。

2）上述第 1）项补加水平接地体时，其最小长度应按下式计算：

$$l_r = 5 - \sqrt{\frac{A}{\pi}}$$

式中 $\sqrt{\dfrac{A}{\pi}}$——环形接地体所包围面积的等效圆半径（m）；

$\quad\quad l_r$——补加水平接地体的最小长度（m）；

$\quad\quad A$——环形接地体所包围的面积（m²）。

3）上述第1）项补加垂直接地体时，其最小长度应按下式计算：

$$l_v = \frac{5-\sqrt{\dfrac{A}{\pi}}}{2}$$

式中 $\quad l_v$——补加垂直接地体的最小长度（m）；

$\quad\quad \sqrt{\dfrac{A}{\pi}}$——环形接地体所包围面积的等效圆半径（m）；

$\quad\quad A$——环形接地体所包围的面积（m²）。

4）当土壤电阻率大于 800Ω·m、小于或等于 3000Ω·m 时，且对环形接地体所包围的面积的等效圆半径小于按下式的计算值时，每一引下线处应补加水平接地体或垂直接地体：

$$\sqrt{\frac{A}{\pi}} < \frac{\rho-550}{50}$$

式中 $\quad \sqrt{\dfrac{A}{\pi}}$——环形接地体所包围面积的等效圆半径（m）；

$\quad\quad A$——环形接地体所包围的面积（m²）。

5）上述第4）款补加水平接地体时，其最小总长度应按下式计算：

$$l_r = \left(\frac{\rho-550}{50}\right)-\sqrt{\frac{A}{\pi}}$$

式中 $\quad \sqrt{\dfrac{A}{\pi}}$——环形接地体所包围面积的等效圆半径（m）；

$\quad\quad \rho$——埋电缆处的土壤电阻率（Ω·m）；

$\quad\quad l_r$——补加水平接地体的最小长度（m）；

$\quad\quad A$——环形接地体所包围的面积（m²）。

6）上述第4）款补加垂直接地体时，其最小总长度应按下式计算：

$$l_v = \frac{\left(\dfrac{\rho-550}{50}\right)-\sqrt{\dfrac{A}{\pi}}}{2}$$

式中 $\quad l_v$——补加垂直接地体的最小长度（m）；

$\quad\quad \rho$——埋电缆处的土壤电阻率（Ω·m）；

$\quad\quad \sqrt{\dfrac{A}{\pi}}$——环形接地体所包围面积的等效圆半径（m）；

$\quad\quad A$——环形接地体所包围的面积（m²）。

5.1.8　防雷等电位连接各连接部件单根导体的最小截面的计算

防雷等电位连接各连接部件的最小截面，应符合表 5-6 的规定。连接单台或多台 I 级分类试验或 D1 类电涌保护器的单根导体的最小截面，应按下式计算：

$$S_{\min} \geqslant I_{imp}/8$$

式中　$S_{\min}$——单根导体的最小截面（mm^2）；

　　　I_{imp}——流入该导体的雷电流（kA）。

5.1.9　接地装置冲击接地电阻与工频接地电阻的换算

接地装置冲击接地电阻与工频接地电阻的换算应按下式计算：

$$R_{\sim} = AR_i$$

式中　$R_{\sim}$——接地装置各支线的长度取值小于或等于接地体的有效长度 l_e，或者有支线大于 l_e 而取其等于 l_e 时的工频接地电阻（Ω）；

　　　A——换算系数，其值宜按图 5-2 确定；

　　　R_i——所要求的接地装置冲击接地电阻（Ω）。

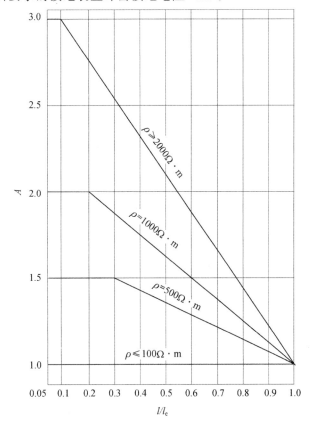

图 5-2　换算系数 A

注　l 为接地体最长支线的实际长度，其计量与 l_e 类同；当 l 大于 l_e 时，取其等于 l_e。

5.1.10 接地体有效长度的计算

接地体的有效长度应按下式计算：

$$l_e = 2\sqrt{\rho}$$

式中　l_e——接地体的有效长度，应按图 5-3 计量 (m)；

　　　ρ——敷设接地体处的土壤电阻率 ($\Omega \cdot m$)。

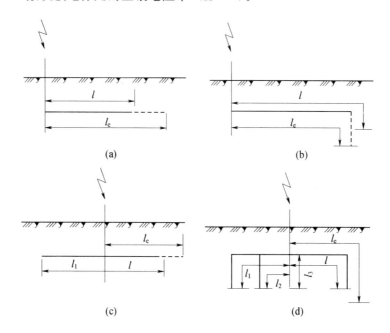

图 5-3　接地体有效长度的计量

(a) 单根水平接地体；(b) 末端接垂直接地体的单根水平接地体；(c) 多根水平接地体，$l_1 \leqslant l$；
(d) 接多根垂直接地体的多根水平接地体，$l_1 \leqslant l$、$l_2 \leqslant l$、$l_3 \leqslant l$

5.1.11 无屏蔽时产生的无衰减磁场强度的计算

当建筑物和房间无屏蔽时所产生的无衰减磁场强度，相当于处于 LPZ0$_A$ 和 LPZ0$_B$ 区内的磁场强度，应按下式计算：

$$H_0 = i_0 / (2\pi s_a)$$

式中　H_0——无屏蔽时产生的无衰减磁场强度 (A/m)；

　　　i_0——最大雷电流 (A)，按表 5-13、表 5-14 和表 5-15 的规定取值；

　　　s_a——雷击点与屏蔽空间之间的平均距离 (m)（见图 5-4）。$\begin{cases} \blacktriangle \text{当 } H < R \text{ 时} \\ \blacksquare \text{当 } H \geqslant R \text{ 时} \end{cases}$

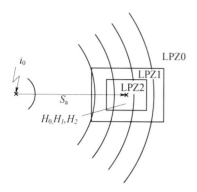

图 5-4　附近雷击时的环境情况

▲　当 $H < R$ 时：

$$s_a = \sqrt{H(2R-H)} + \frac{L}{2}$$

$$R = 10(i_0)^{0.65}$$

式中　H——建筑物高度（m）；

　　　R——滚球半径（m）；

　　　i_0——最大雷电流（A），按表 5-13、表
　　　　　　5-14 和表 5-15 的规定取值；

　　　L——建筑物长度（m）。

■　当 $H \geqslant R$ 时：

$$s_a = R + L/2$$

$$R = 10(i_0)^{0.65}$$

式中　R——滚球半径（m）；

　　　i_0——最大雷电流（A），按表 5-13、表 5-14 和表 5-15 的规定取值；

　　　L——建筑物长度（m）。

5.1.12　格栅形大空间屏蔽内的磁场强度的计算

当建筑物或房间有屏蔽时，在格栅形大空间屏蔽内，即在 LPZ1 区内的磁场强度，应按下式计算：

$$H_1 = H_0/10^{SF/20}$$

$$H_0 = i_0/(2\pi s_a)$$

式中　H_1——格栅形大空间屏蔽内的磁场强度（A/m）；

　　　SF——屏蔽系数（dB），按表 5-16 的公式计算；

　　　H_0——无屏蔽时产生的无衰减磁场强度（A/m）；

　　　i_0——最大雷电流（A），按表 5-13、表 5-14 和表 5-15 的规定取值；

　　　s_a——雷击点与屏蔽空间之间的平均距离（m）（图 5-4）。 ⎰▲当 $H < R$ 时
　　　　　　　　　　　　　　　　　　　　　　　　　　　　　　　⎱■当 $H \geqslant R$ 时

▲　当 $H < R$ 时：

$$s_a = \sqrt{H(2R-H)} + \frac{L}{2}$$

$$R = 10(i_0)^{0.65}$$

式中　H——建筑物高度（m）；

　　　R——滚球半径（m）；

　　　i_0——最大雷电流（A），按表 5-13、表 5-14 和表 5-15 的规定取值；

　　　L——建筑物长度（m）。

■ 当 $H \geqslant R$ 时：

$$s_a = R + L/2$$
$$R = 10(i_0)^{0.65}$$

式中　R——滚球半径（m）；

　　　i_0——最大雷电流（A），按表 5 - 13、表 5 - 14 和表 5 - 15 的规定取值；

　　　L——建筑物长度（m）。

5. 1. 13　LPZ1 区内安全空间内某点的磁场强度的计算

在闪电直接击在位于 LPZ0$_A$ 区的格栅形大空间屏蔽或与其连接的接闪器上的情况下，其内部 LPZ1 区内安全空间内某点的磁场强度应按下式计算（见图 5 - 5）：

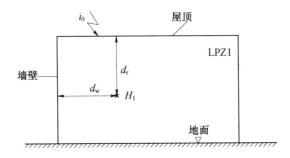

图 5 - 5　闪电直接击于屋顶接闪器时 LPZ1 区内的磁场强度

$$H_1 = k_H i_0 w / (d_w \sqrt{d_r})$$

式中　H_1——安全空间内某点的磁场强度（A/m）；

　　　k_H——形状系数（$1/\sqrt{m}$），取 $k_H = 0.01$（$1/\sqrt{m}$）；

　　　i_0——最大雷电流（A），按表 5 - 13、表 5 - 14 和表 5 - 15 的规定取值；

　　　w——LPZ1 区格栅形屏蔽的网格宽（m）；

　　　d_w——所确定的点距 LPZ1 区屏蔽壁的最短距离（m）；

　　　d_r——所确定的点距 LPZ1 区屏蔽顶的最短距离（m）。

5. 1. 14　LPZ1 区内环路开路最大感应电压和电流的计算

格栅形屏蔽建筑物附近遭雷击时，在 LPZ1 区内环路的感应电压和电流（见图 5 - 6）在 LPZ1 区，其开路最大感应电压宜按下式计算：

$$U_{oc/max} = \mu_0 b l H_{1/max} / T_1$$

式中　$U_{oc/max}$——环路开路最大感应电压（V）；

　　　μ_0——真空的磁导系数，其值等于 $4\pi \times 10^{-7}$（V·s）/（A·m）；

　　　b——环路的宽度（m）；

　　　l——环路的长度（m）；

　　　$H_{1/max}$——LPZ1 区内最大的磁场强度（A/m）；

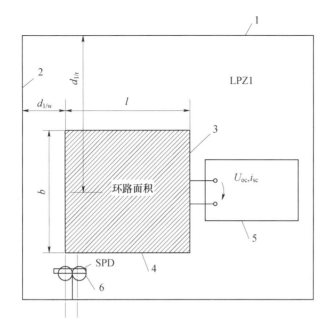

图 5-6　环路中的感应电压和电流

1—屋顶；2—墙；3—电力线路；4—信号线路；5—信号设备；6—等电位连接带

注　1. 当环路不是矩形时，应转换为相同环路面积的矩形环路。

　2. 图中的电力线路或信号线路也可是邻近的两端做了等电位连接的金属物。

　　　　T_1——雷电流的波头时间（s）。

　　若略去导线的电阻（最坏情况），环路最大短路电流可按下式计算：

$$i_{sc/max}=\mu_0 bl H_{1/max}/L$$

$$L=\{0.8\sqrt{l^2+b^2}-0.8(l+b)+0.4l\ln[(2b/r)/(1+\sqrt{1+(b/l)^2})]$$

$$+0.4b\ln[(2l/r)/(1+\sqrt{1+(l/b)^2})]\}\times 10^{-6}$$

式中　$i_{sc/max}$——最大短路电流（A）；

　　　μ_0——真空的磁导系数，其值等于 $4\pi\times 10^{-7}$（V·s）/（A·m）；

　　　b——环路的宽度（m）；

　　　l——环路的长度（m）；

　　　r——环路导体的半径（m）；

　　$H_{1/max}$——LPZ1 区内最大的磁场强度（A/m）；

　　　L——环路的自电感值（H）。

5.1.15　无屏蔽线路构成的环路开路最大感应电压和电流的计算

　　根据图 5-7 所示无屏蔽线路构成的环路，其开路最大感应电压宜按下式计算：

$$U_{oc/max}=\mu_0 bl\ln(1+l/d_{1/w})k_H(w/\sqrt{d_{1/r}})i_{0/max}/T_1$$

式中 $U_{oc/max}$ ——环路开路最大感应电压（V）；

μ_0 ——真空的磁导系数，其值等于 $4\pi\times10^{-7}(V\cdot s)/(A\cdot m)$；

b ——环路的宽度（m）；

l ——环路的长度（m）；

k_H ——形状系数（$1/\sqrt{m}$），取 $k_H=0.01(\sqrt{m})$；

w ——格栅形屏蔽的网格宽度（m）；

$d_{1/r}$ ——环路至屏蔽屋顶的平均距离（m）；

$i_{0/max}$ ——LPZ0$_A$ 区内的雷电流最大值（A）；

T_1 ——雷电流的波头时间（s）；

$d_{1/w}$ ——环路至屏蔽墙的距离（m），$d_{1/w}$ 等于或大于 $d_{s/2}$，
$\begin{cases}▲当\ SF\geqslant10\ 时\\■当\ SF<10\ 时\end{cases}°$

▲当 $SF\geqslant10$ 时：

$$d_{s/2}=w\cdot SF/10$$

式中 w ——LPZ1 区格栅形屏蔽的网格宽度（m）；

SF ——屏蔽系数（dB），按表 5-16 的公式计算。

■当 $SF<10$ 时：

$$d_{s/2}=w$$

式中 w ——LPZ1 区格栅形屏蔽的网格宽度（m）。

若略去导线的电阻（最坏情况），环路最大短路电流可按下式计算：

$$i_{sc/max}=\mu_0 b\ln(1+l/d_{1/w})k_H(w/\sqrt{d_{1/r}})i_{0/max}/L$$

$$L=\{0.8\sqrt{l^2+b^2}-0.8(l+b)+0.4l\ln[(2b/r)/(1+\sqrt{1+(b/l)^2})]$$
$$+0.4b\ln[2l/r)/(1+\sqrt{1+(l/b)^2})]\}\times10^{-6}$$

式中 $i_{sc/max}$ ——最大短路电流（A）；

μ_0 ——真空的磁导系数，其值等于 $4\pi\times10^{-7}(V\cdot s)/(A\cdot m)$；

b ——环路的宽度（m）；

l ——环路的长度（m）；

r ——环路导体的半径（m）；

k_H ——形状系数（$1/\sqrt{m}$），取 $k_H=0.01\ (1/\sqrt{m})$；

w ——格栅形屏蔽的网格宽度（m）；

$d_{1/r}$ ——环路至屏蔽屋顶的平均距离（m）；

$i_{0/max}$ ——LPZ0$_A$ 区内的雷电流最大值（A）；

L ——环路的自电感值（H）；

$d_{1/w}$ ——环路至屏蔽墙的距离（m），$d_{1/w}$ 等于或大于 $d_{s/2}$，
$\begin{cases}▲当\ SF\geqslant10\ 时\\■当\ SF<10\ 时\end{cases}$

▲ 当 $SF \geqslant 10$ 时：

$$d_{s/2} = w \cdot SF/10$$

式中　w——LPZ1 区格栅形屏蔽的网格宽（m）；

　　　SF——屏蔽系数（dB），按表 5-16 的公式计算。

■ 当 $SF < 10$ 时：

$$d_{s/2} = w$$

式中　w——LPZ1 区格栅形屏蔽的网格宽（m）。

5.1.16　电缆从户外进入户内的屏蔽层截面积的计算

在屏蔽线路从室外 $LPZ0_A$ 或 $LPZ0_B$ 区进入 LPZ1 区的情况下，线路屏蔽层的截面应按下式计算：

$$S_c \geqslant \frac{I_f \rho_c L_c \times 10^6}{U_w}$$

式中　S_c——线路屏蔽层的截面积（mm^2）；

　　　I_f——流入屏蔽层的雷电流（kA）；

　　　ρ_c——屏蔽层的电阻率（$\Omega \cdot m$），20℃时铁的屏蔽层电阻率为 $138 \times 10^{-9} \Omega \cdot m$，铜为 $17.24 \times 10^{-9} \Omega \cdot m$，铝为 $28.264 \times 10^{-9} \Omega \cdot m$；

　　　L_c——线路长度（m），按表 5-20 的规定取值；

　　　U_w——电缆所接的电气或电子系统的耐冲击电压额定值（kV），设备按表 5-21 的规定取值，线路按表 5-22 的规定取值。

5.2　数据速查

5.2.1　建筑物的防雷分级

表 5-1　　　　　　　　　　　　建筑物的防雷分级

分　类	内　容
第一类防雷建筑物	在可能发生对地闪击的地区，遇下列情况之一时，应划为第一类防雷建筑物： 1) 凡制造、使用或贮存火炸药及其制品的危险建筑物，因电火花而引起爆炸、爆轰，会造成巨大破坏和人身伤亡者 2) 具有 0 区或 20 区爆炸危险场所的建筑物 3) 具有 1 区或 21 区爆炸危险场所的建筑物，因电火花而引起爆炸，会造成巨大破坏和人身伤亡者

分　类	内　容
第二类防雷建筑物	在可能发生对地闪击的地区，遇下列情况之一时，应划为第二类防雷建筑物： 1）国家级重点文物保护的建筑物 2）国家级的会堂、办公建筑物、大型展览和博览建筑物、大型火车站和飞机场、国宾馆、国家级档案馆、大型城市的重要给水泵房等特别重要的建筑物 **注**　飞机场不含停放飞机的露天场所和跑道 3）国家级计算中心、国际通信枢纽等对国民经济有重要意义的建筑物 4）国家特级和甲级大型体育馆 5）制造、使用或贮存火炸药及其制品的危险建筑物，且电火花不易引起爆炸或不致造成巨大破坏和人身伤亡者 6）具有 1 区或 21 区爆炸危险场所的建筑物，且电火花不易引起爆炸或不致造成巨大破坏和人身伤亡者 7）具有 2 区或 22 区爆炸危险场所的建筑物 8）有爆炸危险的露天钢质封闭气罐 9）预计雷击次数大于 0.05 次/a 的部、省级办公建筑物和其他重要或人员密集的公共建筑物以及火灾危险场所 10）预计雷击次数大于 0.25 次/a 的住宅、办公楼等一般性民用建筑物或一般性工业建筑物
第三类防雷建筑物	在可能发生对地闪击的地区，遇下列情况之一时，应划为第三类防雷建筑物： 1）省级重点文物保护的建筑物及省级档案馆 2）预计雷击次数大于或等于 0.01 次/a，且小于或等于 0.05 次/a 的部、省级办公建筑物和其他重要或人员密集的公共建筑物，以及火灾危险场所 3）预计雷击次数大于或等于 0.05 次/a，且小于或等于 0.25 次/a 的住宅、办公楼等一般性民用建筑物或一般性工业建筑物 4）在平均雷暴日大于 15d/a 的地区，高度在 15m 及以上的烟囱、水塔等孤立的高耸建筑物；在平均雷暴日小于或等于 15d/a 的地区，高度在 20m 及以上的烟囱、水塔等孤立的高耸建筑物

5.2.2 有管帽的管口外处于接闪器保护范围内的空间

表 5-2 有管帽的管口外处于接闪器保护范围内的空间

装置内的压力与周围空气压力的压力差/kPa	排放物对比于空气	管帽以上的垂直距离/m	距管口处的水平距离/m
<5	重于空气	1	2
5~25	重于空气	2.5	5
≤25	轻于空气	2.5	5
>25	重或轻于空气	5	5

注 相对密度小于或等于 0.75 的爆炸性气体规定为轻于空气的气体；相对密度大于 0.75 的爆炸性气体规定为重于空气的气体。

5.2.3 第二类防雷建筑物环形人工基础接地体的最小规格尺寸

表 5-3 第二类防雷建筑物环形人工基础接地体的最小规格尺寸

闭合条形基础的周长/m	扁钢/mm×mm	圆钢/根数×直径（mm）
≥60	4×25	2×ϕ10
40~60	4×50	4×ϕ10 或 3×ϕ12
<40	钢材表面积总和≥4.24m²	

注 1. 当长度相同、截面相同时，宜选用扁钢。
2. 采用多根圆钢时，其敷设净距不小于直径的 2 倍。
3. 利用闭合条形基础内的钢筋作接地体时可按本表校验，除主筋外，可计入箍筋的表面积。

5.2.4 第三类防雷建筑物环形人工基础接地体的最小规格尺寸

表 5-4 第三类防雷建筑物环形人工基础接地体的最小规格尺寸

闭合条形基础的周长/m	扁钢/mm×mm	圆钢/根数×直径（mm）
≥60	—	1×ϕ10
40~60	4×20	2×ϕ8
<40	钢材表面积总和≥1.89m²	

注 1. 当长度相同、截面相同时，宜选用扁钢。
2. 采用多根圆钢时，其敷设净距不小于直径的 2 倍。
3. 利用闭合条形基础内的钢筋作接地体时可按本表校验，除主筋外，可计入箍筋的表面积。

5.2.5 防雷装置的材料及使用条件

表 5-5 　　　　　　　　　　　防雷装置的材料及使用条件

材料	使用于大气中	使用于地中	使用于混凝土中	耐腐蚀情况		
				在下列环境中能耐腐蚀	在下列环境中增加腐蚀	与下列材料接触形成直流电耦合可能受到严重腐蚀
铜	单根导体，绞线	单根导体，有镀层的绞线，铜管	单根导体，有镀层的绞线	在许多环境中良好	硫化物有机材料	—
热镀锌钢	单根导体，绞线	单根导体，钢管	单根导体，绞线	敷设于大气、混凝土和无腐蚀性的一般土壤中受到的腐蚀是可接受的	高氯化物含量	铜
电镀铜钢	单根导体	单根导体	单根导体	在许多环境中良好	硫化物	—
不锈钢	单根导体，绞线	单根导体，绞线	单根导体，绞线	在许多环境中良好	高氯化物含量	—
铝	单根导体，绞线	不适合	不适合	在含有低浓度硫和氯化物的大气中良好	碱性溶液	铜
铅	有镀铅层的单根导体	禁止	不适合	在含有高浓度硫酸化合物的大气中良好	—	铜、不锈钢

注　1. 敷设于黏土或潮湿土壤中的镀锌钢可能受到腐蚀。
　　2. 在沿海地区，敷设于混凝土中的镀锌钢不宜延伸进入土壤中。
　　3. 不得在地中采用铅。

5.2.6 防雷装置各连接部件的最小截面

表 5-6 　　　　　　　　　　防雷装置各连接部件的最小截面

等电位连接部件	材料	截面/mm²
电位连接带（铜、外表面镀铜的钢或热镀锌钢）	Cu（铜）、Fe（铁）	50
从等电位连接带至接地装置或各等电位连接带之间的连接导体	Cu（铜）	16
	Al（铝）	25
	Fe（铁）	50
从屋内金属装置至等电位连接带的连接导体	Cu（铜）	6
	Al（铝）	10
	Fe（铁）	16

等电位连接部件			材　料	截面/mm²
连接电涌保护器的导体	电气系统	Ⅰ级试验的电涌保护器	Cu（铜）	6
		Ⅱ级试验的电涌保护器		2.5
		Ⅲ级试验的电涌保护器		1.5
	电子系统	D1类电涌保护器		1.2
		其他类的电涌保护器（连接导体的截面可小于1.2mm²）		根据具体情况确定

5.2.7　接闪线（带）、接闪杆和引下线的材料、结构与最小截面

表5-7　　接闪线（带）、接闪杆和引下线的材料、结构与最小截面

材料	结构	最小截面/mm²	备注⑩
铜、镀锡铜①	单根扁铜	50	厚度2mm
	单根圆铜⑦	50	直径8mm
	铜绞线	50	每股直径1.7mm
	单根圆铜③④	176	直径15mm
铝	单根扁铝	70	厚度3mm
	单根圆铝	50	直径8mm
	铝绞线	50	每股线直径1.7mm
铝合金	单根扁形导体	50	厚度2.5mm
	单根圆形导体③	50	直径8mm
	绞线	50	每股线直径1.7mm
	单根圆形导体	176	直径15mm
	外表面镀铜的单根圆形导体	50	直径8mm，径向镀铜厚度至少70μm，铜纯度99.9%
热浸镀锌钢②	单根扁钢	50	厚度2.5mm
	单根圆钢⑨	50	直径8mm
	绞线	50	每股线直径1.7mm
	单根圆钢③④	176	直径15mm
不锈钢⑤	单根扁钢⑥	50⑧	厚度2mm
	单根圆钢⑥	50⑧	直径8mm
	绞线	70	每股线直径1.7mm
	单根圆钢③④	176	直径15mm
外表面镀铜的钢	单根圆钢（直径8mm）	50	镀铜厚度至少70μm，铜纯度99.9%
	单根扁钢（厚2.5mm）		

注　①热浸或电镀锡的锡层最小厚度为1μm。
　　②镀锌层宜光滑连贯、无焊剂斑点；层厚：镀锌层圆钢至少为22.7g/m²，扁钢至少为32.4g/m²。
　　③仅应用于接闪杆。当应用于机械应力没达到临界值之处，可采用直径10mm、最长1m的接闪杆，并增加固定。
　　④仅应用于入地之处。
　　⑤不锈钢中，铬的含量等于或大于16%，镍的含量等于或大于8%，碳的含量等于或小于0.08%。
　　⑥对埋入混凝土中以及与可燃材料直接接触的不锈钢，其最小尺寸宜增大至直径10mm的78mm²（单根圆钢）和最小厚度3mm的75mm²（单根扁钢）。
　　⑦在机械强度没有重要要求之处，50mm²（直径8mm）可减为28mm²（直径6mm）。并应减小固定支架间的间距。
　　⑧当温升和机械受力是重点考虑之处，50mm²加大至75mm²。
　　⑨避免在单位能量10MJ/Ω下熔化的最小截面：铜为16mm²、铝为25mm²、钢为50mm²、不锈钢为50mm²。
　　⑩截面积允许误差为-3%。

5.2.8 避雷针的直径

表 5 - 8 避雷针的直径

材料规格 针长、部位	圆钢直径/mm	钢管直径/mm
1m 以下	≥12	≥20
1~2m	≥16	≥25
烟囱顶上	≥20	≥40

5.2.9 避雷网、避雷带及烟囱顶上的避雷环规格

表 5 - 9 避雷网、避雷带及烟囱顶上的避雷环规格

材料规格 类别	圆钢直径/mm	扁钢截面/mm²	扁管厚度/mm
避雷网、避雷带	≥8	≥48	≥4
烟囱上的避雷环	≥12	≥100	≥4

5.2.10 明敷接闪导体和引下线固定支架的间距

表 5 - 10 明敷接闪导体和引下线固定支架的间距

布置方式	扁形导体和绞线固定支架 的间距/mm	单根圆形导体固定 支架的间距/mm
安装于水平面上的水平导体	500	1000
安装于垂直面上的水平导体	500	1000
安装于从地面至高 20m 垂直面 上的垂直导体	1000	1000
安装在高于 20m 垂直面上的垂直导体	500	1000

5.2.11 接闪器布置

表 5 - 11 接闪器布置

建筑物防雷类别	滚球半径 h_r/m	接闪网网格尺寸/m
第一类防雷建筑物	30	≤5×5 或≤6×4
第二类防雷建筑物	45	≤10×10 或≤12×8
第三类防雷建筑物	60	≤20×20 或≤24×16

5.2.12 接地体的材料、结构和最小尺寸

表 5-12 接地体的材料、结构和最小尺寸

材 料	结构	最 小 尺 寸			备 注
		垂直接地体直径/mm	水平接地体/mm²	接地板/mm	
铜、镀锡铜	铜绞线	—	50	—	每股直径1.7mm
	单根圆铜	15	50	—	—
	单根扁铜	—	50	—	厚度2mm
	铜管	20	—	—	壁厚2mm
	整块铜板	—	—	500×500	厚度2mm
	网格铜板	—	—	600×600	各网格边截面25mm×2mm，网格网边总长度不少于4.8m
热镀锌钢	圆钢	14	78	—	—
	钢管	20	—	—	壁厚2mm
	扁钢	—	90	—	厚度3mm
	钢板	—	—	500×500	厚度3mm
	网格钢板	—	—	600×600	各网格边截面30mm×3mm，网格网边总长度不少于4.8m
	型钢	注3	—	—	—
裸钢	钢绞线	—	70	—	每股直径1.7mm
	圆钢	—	78	—	—
	扁钢	—	75	—	厚度3mm
外表面镀铜的钢	圆钢	14	50	—	镀铜厚度至少250μm，铜纯度99.9%
	扁钢	—	90（厚3mm）	—	
不锈钢	圆形导体	15	78	—	—
	扁形导体	—	100	—	厚度2mm

注 1. 热镀锌层应光滑连贯、无焊剂斑点。层厚：镀锌层圆钢至少为22.7g/m²、扁钢至少为32.4g/m²。
    2. 热镀锌之前螺纹应先加工好。
    3. 不同截面的型钢，其截面不小于290mm²，最小厚度3mm，可采用50mm×50mm×3mm等边角钢。
    4. 当完全埋在混凝土中时才可采用裸钢。
    5. 外表面镀铜的钢，铜应与钢结合良好。
    6. 不锈钢中，铬的含量等于或大于16%，镍的含量等于或大于5%，钼的含量等于或大于2%，碳的含量等于或小于0.08%。
    7. 截面积允许误差为-3%。

5.2.13　首次正极性雷击的雷电流参量

表 5-13　　　　　　　　　　首次正极性雷击的雷电流参量

雷电流参数	防雷建筑类别		
	一类	二类	三类
幅值 I/kA	200	150	100
波头时间 $T_1/\mu s$	10	10	10
半值时间 $T_2/\mu s$	350	350	350
电荷量 Q_s/C	100	75	50
单位能量 $W/R/(MJ/\Omega)$	10	5.6	2.5

5.2.14　首次负极性雷击的雷电流参量

表 5-14　　　　　　　　　　首次负极性雷击的雷电流参量

雷电流参数	防雷建筑类别		
	一类	二类	三类
幅值 I/kA	100	75	50
波头时间 $T_1/\mu s$	1	1	1
半值时间 $T_2/\mu s$	200	200	200
平均陡度 $I/T_1/(kA/\mu s)$	100	75	50

注　本波形仅供计算用，不供作试验用。

5.2.15　首次负极性以后雷击的雷电流参量

表 5-15　　　　　　　　　　首次负极性以后雷击的雷电流参量

雷电流参数	防雷建筑类别		
	一类	二类	三类
幅值 I/kA	50	37.5	25
波头时间 $T_1/\mu s$	0.25	0.25	0.25
半值时间 $T_2/\mu s$	100	100	100
平均陡度 $I/T_1/(kA/\mu s)$	200	150	100

5.2.16 格栅形大空间屏蔽的屏蔽系数

表 5 - 16 格栅形大空间屏蔽的屏蔽系数

材　　料	SF/dB	
	25kHz①	1MHz② 或 250kHz
铜/铝	$20\times\log(8.5/w)$	$20\times\log(8.5/w)$
钢③	$20\times\log\left[(8.5/w)/\sqrt{1+18\times10^{-6}/r^2}\right]$	$20\times\log(8.5/w)$

注 ①适用于首次雷击的磁场。
　　②1MHz适用于后续雷击的磁场，250kHz适用于首次负极性雷击的磁场。
　　③相对磁导系数 $\mu_r\approx200$。
　　1. w 为格栅形屏蔽的网格宽度（m）；r 为格栅形屏蔽网格导体的半径（m）。
　　2. 当计算式得出的值为负数时取 $SF=0$；若建筑物具有网格形等电位连接网络，SF 可增加 6dB。

5.2.17 与最大雷电流对应的滚球半径

表 5 - 17 与最大雷电流对应的滚球半径

防雷建筑物类别	最大雷电流 i_0/kA			对应的滚球半径 R/m		
	正极性首次雷击	负极性首次雷击	负极性后续雷击	正极性首次雷击	负极性首次雷击	负极性后续雷击
第一类	200	100	50	313	200	127
第二类	150	75	37.5	260	165	105
第三类	100	50	25	200	127	71

5.2.18 长时间雷击的雷电流参量

表 5 - 18 长时间雷击的雷电流参量

雷电流参数	防雷建筑类别		
	一类	二类	三类
电荷量 Q_1/C	200	150	100
时间 T/s	0.5	0.5	0.5

注 平均电流 $I\approx Q_1/T$。

5.2.19 建筑物内 220/380V 配电系统中设备绝缘耐冲击电压额定值

表 5-19   建筑物内 220/380V 配电系统中设备绝缘耐冲击电压额定值

设备位置	电源处的设备	配电线路和最后分支线路的设备	用电设备	特殊需要保护的设备
耐冲击电压类别	Ⅳ类	Ⅲ类	Ⅱ类	Ⅰ类
耐冲击电压额定值 U_w/kV	6	4	2.5	1.5

注　1. Ⅰ类——含有电子电路的设备，如计算机、有电子程序控制的设备。
　　2. Ⅱ类——如家用电器和类似负荷。
　　3. Ⅲ类——如配电盘、断路器，包括线路、母线、分线盒、开关、插座等固定装置的布线系统，以及应用于工业的设备和永久接至固定装置的固定安装的电动机等的一些其他设备。
　　4. Ⅳ类——如电气计量仪表、一次线过流保护设备、滤波器。

5.2.20 按屏蔽层敷设条件确定的线路长度

表 5-20   按屏蔽层敷设条件确定的线路长度

屏蔽层敷设条件	L_c/m
屏蔽层与电阻率 ρ（Ω·m）的土壤直接接触	当实际长度 $\geqslant 8\sqrt{\rho}$ 时，取 $L_c = 8\sqrt{\rho}$ 当实际长度 $< 8\sqrt{\rho}$ 时，取 $L_c = $ 线路实际长度
屏蔽层与土壤隔离或敷设在大气中	$L_c = $ 建筑物与屏蔽层最近接地点之间的距离

5.2.21 设备的耐冲击电压额定值

表 5-21   设备的耐冲击电压额定值

设备类型	耐冲击电压额定值 U_w/kV
电子设备	1.5
用户的电气设备（$U_n < 1$kV）	2.5
电网设备（$U_n < 1$kV）	6

5.2.22 电缆绝缘的耐冲击电压额定值

表 5-22   电缆绝缘的耐冲击电压额定值

电缆种类及其额定电压 U_n/kV	耐冲击电压额定值 U_w/kV
纸绝缘通信电缆	1.5
塑料绝缘通信电缆	5
电力电缆 $U_n \leqslant 1$	15
电力电缆 $U_n = 3$	45
电力电缆 $U_n = 6$	60
电力电缆 $U_n = 10$	75
电力电缆 $U_n = 15$	95
电力电缆 $U_n = 20$	125

5.2.23 电涌保护器取决于系统特征所要求的最大持续运行电压最小值

表 5－23　　　电涌保护器取决于系统特征所要求的最大持续运行电压最小值

电涌保护器接于	配电网络的系统特征				
	TT 系统	TN－C 系统	TN－S 系统	引出中性线的 IT 系统	无中性线引出的 IT 系统
每一相线与中性线间	$1.15U_0$	不适用	$1.15U_0$	$1.15U_0$	不适用
每一相线与 PE 线间	$1.15U_0$	不适用	$1.15U_0$	U_0[①]	相间电压[①]
中性线与 PE 线间	U_0[①]	不适用	U_0[①]	U_0[①]	不适用
每一相线与 PEN 线间	不适用	$1.15U_0$	不适用	不适用	不适用

注　1. 标有①的值是故障下最坏的情况，所以不需计及 15%的允许误差。

2. U_0 是低压系统相线对中性线的标称电压，即相电压 220V。

3. 此表基于按现行国家标准《低压电涌保护器（SPD）第 1 部分：低压配电系统的电涌保护器　性能要求和试验方法》（GB 18802.1—2011）做过相关试验的电涌保护器产品。

5.2.24 阀型避雷器主要技术参数

表 5－24　　　　　　　　　　　阀型避雷器主要技术参数

型号	额定电压有效值/kV	最大允许电压有效值/kV	灭弧电压有效值/kV	工频放电电压有效值/kV		冲击放电电压（预放时间为 1.5～20μs）峰值/kV 不大于	残压（波形为 10/20μs）峰值/kV 不大于		
				不小于	不大于		放电电流		
							3kA	5kA	10kA
FS－3	3	3.5	3.8	9	11	21	16	17	—
FS－6	6	6.9	7.6	16	19	35	28	30	—
FS－10	10	11.5	12.7	26	31	50	47	50	—
FZ－3	3	3.5	3.8	9	11	20	—	14.5	16
FZ－6	6	6.9	7.6	16	19	30	—	27	30
FZ－10	10	11.5	12.7	26	31	45	—	45	50

注　1. FS 型适用于配电网络，FZ 型适用于发电厂和变电所。

2. 选用时除考虑上述参数外，还要考虑安装地点的海拔高度。

5.2.25 管型避雷器主要技术参数

表 5-25 管型避雷器主要技术参数

规格	额定电压/kV	灭弧管间隙/mm	隔离间隙/mm	灭弧管内径/mm	冲击放电电压 (1.5/20μs)/kV				工频耐受电压/kV		额定断流能力/kA	
					负极性		正极性		干	湿	上限	下限
					波前	最小	波前	最小				
$CX2\dfrac{10}{2-7}$	10	130	$\dfrac{15}{20}$	$\dfrac{10}{10.5}$	76	60	77	75	33	27	7	2
$CX2\dfrac{10}{0.8-4}$	10	130	$\dfrac{15}{20}$	$\dfrac{8.5}{9}$	74	60	77	75	33	27	4	0.8
$CX2\dfrac{6}{2-8}$	6	130	$\dfrac{10}{15}$	$\dfrac{9.5}{10}$	60	55	59	44	20	16	8	2
$CX2\dfrac{6}{0.5-3}$	6	130	$\dfrac{10}{15}$	$\dfrac{8}{8.5}$	60	55	59	44	20	16	3	0.5

5.2.26 避雷器特点和主要用途

表 5-26 避雷器特点和主要用途

名称与型号		特 点	主 要 用 途
羊角（保护）间隙避雷器		结构简单，经济，安装容易。当雷击高压侵入，羊角间隙放电（自动灭弧）时，将雷电流引地	可用作变压器高压侧及电度表的保护
普通阀型避雷器	配电所型 FS	仅有间隙和阀片（碳化硅）	用作配电变压器、电缆头、柱上断路器等设备的防雷保护。电压等级较低
	变电所型 FZ	同 FS 型，但间隙带有均压电阻，使熄弧能力增大	用作变电所电气设备防雷，其中 3～60kV 型用于中性不接地系统；110kV 型分接地与不接地两种；220kV 型仅用于中性接地
磁吹阀型避雷器	旋转电机型 FCD	同 FZ 型，但间隙加磁吹灭弧元件，使熄弧能力增强，且部分间隙并联电容器以改善特性	用于旋转电机的防雷
管型避雷器	CX	由产气管、内部间隙和外部间隙三部分组成。管内无阀片，不存在冲击电流通过时所产生的残压问题	保护线路中的绝缘弱点（特高杆塔、大挡距交叉跨越杆塔等）和发电厂、变电所的进线段，以及雷雨季节中经常断开而其线路侧又有电压的隔离开关或断路器
金属氧化物避雷器	Y5C Y3W Y5W	采用非线性特性较好的氧化锌阀片，无间隙或局部阀片有并联间隙。比普通阀型避雷器动作迅速、可靠性高、寿命长、维护简便，是更新产品	低压氧化锌避雷器用于 380V 及以下设备，如配电变压器（低压侧）、低压电机、电度表等的防雷。高压氧化锌避雷器可用来保护高压电机或变电所电气设备或电容器组

6

接地接零常用计算公式

6.1 公式速查

6.1.1 工频电流场接地电阻的计算

土壤中有工频电流场流散时，工频电流场在地中的分布与直流电的分布在原则上有所区别。但是，由于土壤电阻率相当大，所以在计算接地体附近的电流场时，由于感应电动势引起的电势降与直流电阻的电势降比较起来可以略去不计，所以工频电流的接地计算可以用直流的接地计算来代替。通过相应条件下静电场电容的计算，当土壤率各向同性时可以得到下面的公式：

$$R_d = \frac{\rho^\varepsilon}{C}$$

式中 R_d——接地体的接地电阻（Ω）；

　　　C——接地体的电容（F）；

　　　ρ——土壤电阻率（Ω·m）；

　　　ε——土壤的电容率（F/m）。

6.1.2 不同形状水平接地体接地电阻的计算

不同形状的水平接地体的接地电阻按下式计算：

$$R_d = \frac{\rho}{2\pi l}\left(\ln\frac{L^2}{dh} + K\right)$$

式中 l——水平接地体的长度（m）；

　　　L——水平接地体的总长度（m）；

　　　h——水平接地体的埋设深度（m）；

　　　d——水平接地体的直径或等值直径（m）；

　　　K——水平接地体的形状系数，见下表。

形状	—	∟	人	＋	✕	✳	□	○
K	0	0.378	0.867	2.34(2.14)	(5.27)	2.96(8.81)	1.71(1.69)	0.239(0.48)

6.1.3 基础接地电阻的计算

利用建筑物的基础桩作为接地极具有接地电阻小、稳定、接地极不易腐蚀、节约钢材等优点。基础桩的接地电阻可以通过公式计算，但在实际设计中，通常是进行估算的。基础接地电阻 R_d 的判定经验公式为：

$$R_d = 0.4\rho/\sqrt{A}$$

式中 ρ——土壤电阻率（Ω·m）；

A——基础桩的表面积（m^2）。

6.1.4 放射形负荷接地体接地电阻的计算

放射形负荷接地体接地电阻 R 按下式计算：

$$R=\frac{R_1 R_2}{nR_2\eta_1+R_1\eta_2}$$

式中　R_1——单根垂直接地体的接地电阻（Ω）；

　　　R_2——连接扁钢（不考虑屏蔽）接地电阻（Ω）；

　　　n——垂直接地体的数量；

　　　η_1——垂直接地体的利用系数；

　　　η_2——连接扁钢的利用系数。

6.1.5 环形复合接地体的接地电阻

环形复合接地体的接地电阻 R 简化计算公式为：

$$R\approx\frac{\rho}{4r}+\frac{\rho}{l}$$

式中　ρ——土壤电阻率（$\Omega\cdot m$）；

　　　r——与接地网面积相等的圆的半径，即等效半径（m）；

　　　l——接地体的长度（m），包括垂直接地体在内。

6.1.6 接地板的接地电阻

接地板的接地电阻 R 按下式计算：

$$R=\frac{\rho}{2\pi t}\ln\frac{r+t}{r}$$

式中　ρ——土壤电阻率（$\Omega\cdot m$）；

　　　t——接地板的埋地深度（m）；

　　　r——等效半径，$r=\frac{ab}{\sqrt{2\pi}}$；

　　　ab——接地板的面积（m^2）。

6.1.7 保护接零计算

对于中性点直接接地的小于 1kV 的电气设备，为保证能够自动切断故障段，在导电部分与零线之间出现短路时，其零线应保证电网任一点的短路电流应满足以下公式：

$$I_d\geqslant KI_e$$

$$I_d=U/\sqrt{(r_n+r_T)^2+(X_n+X_T)^2}$$

式中　I_d——单相短路电流（A）；

　　　I_e——熔断器的额定电流或自动开关脱扣器的整定电流（A）；

　　　K——动作系数，其取值见下表所列：

采用的保护器件	熔　断　器		自动开关	
适用的场合	一般场合	装于防爆车间	一般场合	装于防爆车间
K 值	4	5	1.25	1.5

　　　　U——变压器二次侧额定电压（V）；

　　r_n 与 X_n——相线—零线回路的电阻与电抗（Ω）；

　　r_T 与 X_T——变压器绕组的计算电阻与计算电抗（Ω）。

6.1.8　实测土壤电阻率的计算

　　实测土壤电阻率 ρ' 采用下式进行计算：

$$\rho' = \rho\psi$$

式中　ρ——土壤的电阻率（Ω·m）；

　　　ψ——土壤的修正系数，见表 6-11。

6.1.9　冲击接地电阻的计算

　　首先按工频接地电阻的计算方法求出接地电阻值，再计算冲击接地电阻。

$$R_{ch} = R/K_i$$

式中　R_{ch}——冲击接地电阻（Ω）；

　　　R——工频接地电阻（Ω）；

　　　K_i——冲击系数，见下表。

各种接地形式接地极中接地点至接地极最远端的长度/m	土壤电阻率/(Ω·m)			
	≤100	500	1000	≥2000
20	1	1.5	2	3
40	—	1.25	1.9	2.9
60	—	—	1.6	2.6
80	—	—	—	2.3

6.2　数据速查

6.2.1　低压配电系统接地方式与应用

表 6-1　　　　　　　　　　　低压配电系统接地方式与应用

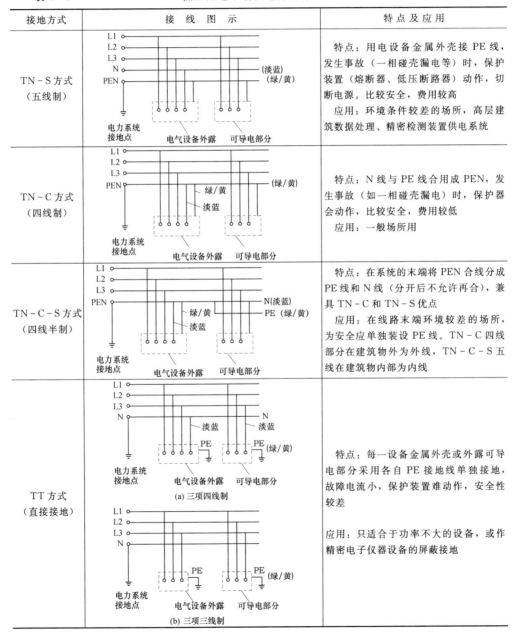

接地方式	接线图示	特点及应用
TN-S方式 （五线制）		特点：用电设备金属外壳接 PE 线，发生事故（一相碰壳漏电等）时，保护装置（熔断器、低压断路器）动作，切断电源。比较安全，费用较高 应用：环境条件较差的场所，高层建筑数据处理、精密检测装置供电系统
TN-C方式 （四线制）		特点：N 线与 PE 线合用成 PEN，发生事故（如一相碰壳漏电）时，保护器会动作，比较安全，费用较低 应用：一般场所用
TN-C-S方式 （四线半制）		特点：在系统的末端将 PEN 合线分成 PE 线和 N 线（分开后不允许再合），兼具 TN-C 和 TN-S 优点 应用：在线路末端环境较差的场所，为安全应单独装设 PE 线。TN-C 四线部分在建筑物外为外线，TN-C-S 五线在建筑物内部为内线
TT方式 （直接接地）	(a) 三项四线制 (b) 三项三线制	特点：每一设备金属外壳或外露可导电部分采用各自 PE 接地线单独接地，故障电流小，保护装置难动作，安全性较差 应用：只适合于功率不大的设备，或作精密电子仪器设备的屏蔽接地

接地方式	接 线 图 示	特点及应用
IT方式 （经高阻接地）	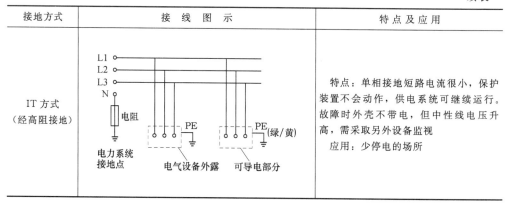 L1 L2 L3 N 电阻 电力系统 接地点　电气设备外露　可导电部分 PE　PE(绿/黄)	特点：单相接地短路电流很小，保护装置不会动作，供电系统可继续运行。故障时外壳不带电，但中性线电压升高，需采用另外设备监视 应用：少停电的场所

6.2.2 接地极的最小尺寸

表 6-2　　　　　　　　　接地极的最小尺寸

材料	表 面	形 状	最 小 尺 寸		
			直径/mm	截面积/mm²	厚度/mm
钢	镀锌①或不锈钢①②	板条③	—	90	3
		切片	—	90	3
		深接地极用的圆棒	16	—	—
		表层电极用的圆线⑥	10	—	—
		管	25	—	2
	铜护套	深接地极用的圆棒	15	—	—
	电极镀铜护层	深接地极用的圆棒	14	—	—
铜	裸露①	板条	—	50	2
		表层电极用的圆线⑥	—	25⑤	—
		绳	单股1.8	25	—
		管	20	—	2
	镀锡	绳	单股1.8	25	—
	镀锌	板条④	—	50	2

注　①能用作埋在混凝土中的电极。
　　②不适于电镀。
　　③例如，带圆边的轧制板条或切割的板条。
　　④带圆边的板条。
　　⑤经验表明，在腐蚀性和机械损伤性低的场所，16mm²的圆线是可以用的。
　　⑥当埋设深度不超过0.5m时，被认为是表层电极。

6.2.3 埋在土壤中的接地导体的最小截面积

表 6-3 埋在土壤中的接地导体的最小截面积

保护方式	有防机械损伤保护/mm²	无防机械损伤保护/mm²
有防腐蚀保护	钢 2.5 铁 10	铜 16 铁 16
无防腐蚀保护	铜 25 铁 50	

6.2.4 保护导体的最小截面积

表 6-4 保护导体的最小截面积

相线的截面积 S/mm²	相应保护导体的最小截面积 S_p/mm²
$S \leqslant 16$	S
$16 < S \leqslant 35$	16
$35 < S \leqslant 400$	$S/2$
$400 < S \leqslant 800$	200
$S > 800$	$S/4$

注 指柜（屏、台、箱、盘）电源进线相线截面积，且两者（S、S_p）材质相同。

6.2.5 人工接地体规格表

表 6-5 人 工 接 地 体 规 格 表

材　　料		规　　格
圆钢		直径 10mm
角钢		厚度 4mm
钢管		壁厚 3.5mm
扁钢	截面	100mm²
	厚度	4mm

6.2.6 型钢的等效直径

表 6-6 型钢的等效直径

种类	圆钢	钢管	扁钢	角钢
简图				
d	d	d'	$\dfrac{b}{2}$	等边 $d = 0.84b$ 不等边 $d = 0.71 \sqrt{b_1 b_2 (b_1^2 + b_2^2)}$

6.2.7 单根垂直接地体的简化计算系数 K 值

表 6 - 7 单根垂直接地体的简化计算系数 K 值

材料	规格	直径或等效直径/m	K 值
钢管	φ50	0.06	0.30
	φ40	0.048	0.32
角钢	40×40×4	0.0336	0.34
	50×50×5	0.042	0.32
	63×63×5	0.053	0.31
	70×70×5	0.059	0.3
	75×75×5	0.063	0.3
圆钢	φ20	0.02	0.37
	φ5	0.015	0.39

注 表中 K 值按垂直接地体长 2.5m，顶端深埋 0.8m 计算。

6.2.8 人工接地装置工频接地电阻值

表 6 - 8 人工接地装置工频接地电阻值

形式	简 图	材料尺寸/mm 及用量/m				土壤电阻率 ρ/(Ω·m)		
		圆钢	钢管	角钢	扁钢	100	250	500
		φ20	φ50	50×50×5	40×4	工频接地电阻/Ω		
单根		—	2.5	—	—	30.2	75.4	151
		2.5	—	—	—	37.2	92.9	186
		—	—	2.5	—	32.4	81.1	162
2 根		—	5.0	—	2.5	10.0	25.1	50.2
		—	—	5.0	2.5	10.5	26.2	52.5
3 根		—	7.5	—	5.0	6.65	16.6	33.2
		—	—	7.5	5.0	6.92	17.3	34.6
4 根		10.0	—	—	7.5	5.08	12.7	25.4
		—	—	10.0	7.5	5.29	13.2	26.5
5 根		—	12.5	—	20.0	4.18	10.5	20.9
		—	—	12.5	20.0	4.35	10.9	21.8
6 根		—	15.0	—	25.0	3.58	8.95	17.9
		—	—	15.0	25.0	3.73	9.32	18.6
8 根		—	20.0	—	35.0	2.81	7.03	14.1
		—	—	20.0	35.0	2.93	7.32	14.6
10 根		—	25.0	—	45.0	2.35	5.87	11.7
		—	—	25.0	45.0	2.45	6.12	12.2
15 根		—	37.5	—	70.0	1.75	4.36	8.73
		—	—	37.5	70.0	1.82	4.56	9.11
20 根		—	50.0	—	95.0	1.45	3.62	7.24
		—	—	50.0	95.0	1.52	3.79	7.58

6.2.9 接地体的工频接地电阻与冲击接地电阻的比值

表 6 - 9　　　　　　　接地体的工频接地电阻与冲击接地电阻的比值 R/R_{ch}

各种形式接地体中接地点至接地体最远的长度/m	土壤电阻率 $\rho/(\Omega \cdot m)$			
	$\leqslant 100$	500	1000	$\geqslant 2000$
	比值 R/R_{ch}			
20	1	1.5	2	3
40	—	1.25	1.9	2.9
60	—	—	1.6	2.6
80	—	—	—	2.3

6.2.10 各种土壤的电阻率

表 6 - 10　　　　　　　　各 种 土 壤 的 电 阻 率

土壤种类	含水量（容积）/%	土壤电阻率/$\Omega \cdot m$	
		变化范围	推荐数值
黏土＋石灰＋碎石	—	0.12~60	10
泥煤	—	20	20
黑土	20	6~70	30
园地	20	40~60	50
黏土	20~40	30~100	60
砂质黏土	20	30~260	100
黄土	—	250	250
砂土	10	200~400	300
湿沙	10	100~1000	500
碎石、卵石	—	—	2000
干沙	—	—	2500
夹石土壤	—	—	4000
石板	—	—	1.1×10^8
花岗岩、石灰岩、石英岩	—	—	1.1×10^9
海水	—	1~5	3
湖水或地下水	—	40~50	50
溪水	—	20~70	70
河水	—	50~100	100
捣碎的木炭	—	—	40

土壤种类	含水量（容积）（%）	土壤电阻率/Ω·m	
		变化范围	推荐数值
混凝土（在潮湿土壤中）	—	—	75
混凝土（在中等潮湿土壤中）	—	—	100～200
混凝土（在干燥土壤中）	—	—	200～400
上层红色风化黏土、下层红色页岩	30	—	500
表面土夹石、下层石子	15	390～820	600
表面 10～20cm 黏土、下层岩石或砂岩	25	100～150	125
表面 80～100cm 黏土、下层岩石或砂石	25	20～60	40

6.2.11　实测土壤电阻率的修正系数 ψ

表 6-11　　　　　　　　　　实测土壤电阻率的修正系数 ψ

土壤性质	深度/m	ψ		
		长期下雨，土壤很潮湿	下过雨，含水量中等	下过雨，含水量不大
黏土	0.5～0.8	3	2	1.5
	0.8～3	2	1.5	1.4
陶土	0～2	2.4	1.4	1.2
砂砾盖于陶土	0～2	1.8	1.2	1.1
园地	0～3	—	1.3	1.2
黄沙	0～2	2.4	1.6	1.2
杂以黄沙的砂砾	0～2	1.5	1.3	1.2
泥炭	0～2	1.4	1.1	1.0
石灰石	0～2	2.5	1.5	1.2

6.2.12　直埋铠装电力电缆金属外皮的接地电阻

表 6-12　　　　　　　直埋铠装电力电缆金属外皮的接地电阻

电缆长度/m	20	50	100	150
接地电阻/Ω	22	9	4.5	3

注　1. 此表的条件为：土壤电阻率 $\rho=100\Omega\cdot m$，3～10kV，$3\times(70\sim185)mm^2$ 铠装电力电缆，埋深 0.7m。

　　2. 当 $\rho\neq100\Omega\cdot m$ 时，表中的电阻值应乘以换算系数：$\rho=50\Omega\cdot m$ 时为 0.7，$\rho=250\Omega\cdot m$ 时为 1.65，$\rho=500\Omega\cdot m$ 时为 2.35。

　　3. 当 n 根截面相似的电缆埋设在同一沟中时，若单根电缆的电阻值为 R_0，则总接地电阻值为 $R_0/\sqrt{n}$。

6.2.13 直埋金属水管的接地电阻

表 6 - 13 　　　　　　　　直埋金属水管的接地电阻　　　　　　　（单位：Ω）

长度/m		20	50	100	150
管子公称直径	25～50mm	7.5	3.6	2	1.4
	70～100mm	7	3.4	1.9	1.4

注　此表的条件为土壤电阻率 $\rho=100\Omega\cdot m$，埋深 0.7m。

6.2.14 钢筋混凝土电杆接地电阻估算值

表 6 - 14 　　　　　　钢筋混凝土电杆接地电阻估算值　　　　　（单位：Ω）

接地极形式	杆塔形式	接地电阻估算式
钢筋混凝土电杆的自然接地极	单杆	0.3ρ
	双杆	0.2ρ
	拉线单、双杆	0.1ρ
	一个拉线盘	0.28ρ
n 根水平射线（$n\leqslant12$，每根长约 60m）	各型电杆	$\dfrac{0.062\rho}{n+1.2}$

注　ρ 为土壤电阻率（$\Omega\cdot m$）。

6.2.15 直线水平接地体的电阻值

表 6 - 15 　　　　　　　直线水平接地体的电阻值　　　　　　（单位：Ω）

材料及尺寸 /mm²		接地体长度/m											
		5	10	15	20	25	30	35	40	50	60	80	100
扁钢	40×4	23.4	13.9	10.1	8.1	6.74	5.8	5.1	4.58	3.8	3.26	2.54	2.12
	25×4	24.9	14.6	10.6	8.42	7.02	6.04	5.33	4.76	3.95	3.39	2.65	2.20
圆钢	φ8	26.3	15.3	11.1	8.78	7.3	6.28	5.52	4.94	4.10	3.47	2.74	2.27
	φ10	25.6	15.0	10.9	8.6	7.16	6.16	5.44	4.85	4.02	3.45	2.70	2.23
	φ12	25.0	14.7	10.7	8.46	7.04	6.08	5.34	4.78	3.96	3.40	2.66	2.20
	φ15	24.3	14.4	10.4	8.28	6.91	5.95	5.24	4.69	3.89	3.34	2.62	2.17

注　表中数据按土壤电阻率为 100Ω·m，埋地深度为 0.8m 条件下制定。

主要参考文献

[1] 中国建筑科学研究院 . GB 50034—2013 建筑照明设计标准 [S]. 北京：中国建筑工业出版社，2014.

[2] 中国联合工程公司，等 . GB 50052—2009 供配电系统设计规范 [S]. 北京：中国计划出版社，2009.

[3] 中国机械工业联合会 . GB 50057—2010 建筑物防雷设计规范 [S]. 北京：中国计划出版社，2010.

[4] 中国建筑东北设计研究院 . JGJ 16—2008 民用建筑电气设计规范 [S]. 北京：中国建筑工业出版社，2008.

[5] 段春丽，等 . 建筑电气 [M]. 北京：机械工业出版社，2006.

图书在版编目（CIP）数据

电气工程常用公式与数据速查手册/ 石敬炜主编 . —北京：知识产权出版社，2015.1
（建筑工程常用公式与数据速查手册系列丛书）
ISBN 978 - 7 - 5130 - 3053 - 3

Ⅰ . ①电… Ⅱ . ①石… Ⅲ . ①房屋建筑设备—电气设备—技术手册 Ⅳ . ①TU85 - 62

中国版本图书馆 CIP 数据核字（2014）第 229589 号

责任编辑：刘 爽 祝元志　　　　　　　责任校对：谷 洋
封面设计：杨晓霞　　　　　　　　　　责任出版：刘译文

电气工程常用公式与数据速查手册

石敬炜 主编

出版发行：知识产权出版社 有限责任公司		网　　址：http：//www.ipph.cn	
社　　址：北京市海淀区马甸南村 1 号		邮　　编：100088	
责编电话：010 - 82000860 转 8513		责编邮箱：liushuang@cnipr.com	
发行电话：010 - 82000860 转 8101/8102		发行传真：010 - 82005070/82000893	
印　　刷：保定市中画美凯印刷有限公司		经　　销：各大网上书店、新华书店及相关销售网点	
开　　本：787mm×1092mm　1/16		印　　张：11.75	
版　　次：2015 年 1 月第 1 版		印　　次：2015 年 1 月第 1 次印刷	
字　　数：240 千字		定　　价：38.00 元	

ISBN 978 - 7 - 5130 - 3053 - 3

建筑工程常用公式与数据速查手册系列丛书